AF390989

LA

CLEF DE LA BOTANIQUE

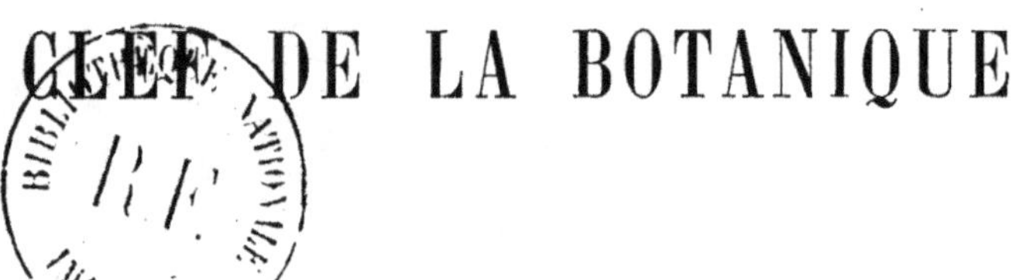

PUBLICATIONS DU MÊME AUTEUR

(ORDRE CHRONOLOGIQUE)

1842. — **Nouveau Compendium médical.** 1 vol. in-12. Quatre éditions. G. Baillière. A été traduit en Espagnol.

1845-1894. — **Anthropologie.** Anatomie, Physiologie, Hygiène, Pathologie, Thérapeutique. 3 vol. in-8° avec Atlas d'Anatomie. Quatorzième édition, 1894. Bloud et Barral.

1856-1880. — **L'Abeille médicale.** Journal hebdomadaire de médecine. Direction et rédaction-chef.

1857. — **Dictionnaire d'Histoire naturelle.** Grand in-8° à deux colonnes. (Épuisé).

1863. — **Traité des Plantes médicinales.** 1 fort volume in-8° et Atlas. A été réduit en in-12, avec gravures dans le texte, sous le titre :

1875. — **Botanique et Plantes médicinales.** Cinquième édition. Bloud et Barral.

1894. — **Lois et mystères des Fonctions de reproduction dans la série des êtres organisés, spécialement chez l'Homme et chez la Femme.** Troisième édition. E. Flammarion.

1896. — **Petit Compendium médical.** Diminutif de celui de 1842. In-32, quatrième. édition. F. Alcan.

1897. — **La Clef de la Botanique.** E. Flammarion.

(Droits réservés.)

ABRÉVIATIONS.

Alt.	Alterne.		Feuil.	Feuilles.
Axil.	Axillaire.		Fl.	Fleurs.
C. G.	Caractères généraux.		Herb.	Herbacée.
C. F.	Caractères figurés.		Hypog.	Hypogyne.
Caps.	Capsule.		Invol.	Involucre.
Carp.	Carpelle.		Opp.	Opposée.
Comp.	Composées.		Org.	Organe.
Divis.	Division.		Périan.	Périanthe.
Épig.	Épigyne.		Pétal.	Pétaloïde.
Etam.	Etamine.		Stig.	Stigmate.
Fam.	Famille.		Vertic.	Verticille.

LA
CLEF DE LA BOTANIQUE

ICONOGRAPHIE ET ANALYSES

MISES EN REGARD DES FIGURES

PAR

LE DR ANTONIN BOSSU

Ancien médecin de l'Assistance publique de Paris.
Médecin honoraire de l'Infirmerie de Marie-Thérèse.
Chevalier de la Légion d'honneur.

Segnius irritant animos demissa per aures
Quam quæ subjecta oculis fidelibus.
(HORACE, *Art poét.*)

TRADUCTION LIBRE :
Ce que l'oreille perçoit impressionne
moins que ce que l'œil voit.

PARIS
ERNEST FLAMMARION, ÉDITEUR
26, RUE RACINE, 26

1897

TABLE DES FAMILLES VÉGÉTALES

Les chiffres romains renvoient aux Planches ; quand ils sont suivis d'un chiffre arabe, celui-ci désigne la case où se trouve la plante, ou plutôt les caractères de la Famille à laquelle ladite plante appartient.

Famille	Pl.	Case.	Famille	Pl.	Case.	Famille	Pl.	Case.
Acanthacées,	XVII,	2	Crassulacées,	XX,	4	Myricacées,	XIII,	3
Acéracées,	XXIV,	1	Cucurbitacées,	XVIII,	5	Myrtacées,	XX,	3
Æsculacées,	XXIV,	2	Daphnacées,	XIV,	4	Nyctaginées,	XV,	1
Algues,	IX,	1	Dioscoréacées,	XII,	1	Nymphéacées	XXII,	4
Alismacées,	X,	3	Dipsacées,	XVIII,	6	Ombellifères	XIX,	6
Amaryllidées,	XII,	2	Equisétacées,	X,	1	Orchidacées,	XII,	4
Apocynées,	XVI.	4	Ericacées,	XVIII,	2	Oxalidées,	XXIII,	5
Aquifoliacées,	XVIII,	1	Euphorbiacées,	XIV,	1	Palmiers,	XI,	2
Aracées ou Aroïdées,	X,	4	Fougères,	X,	2	Papavéracées,	XXII,	2
Aristolochiacées,	XIV,	3	Fumariacées,	XXII,	3	Plantaginées,	XV,	2
Asclépiadées,	XVI,	3	Gentianées,	XVI,	2	Polygonacées,	XIV,	3
Asparaginées,	XI,	5	Géraniacées,	XXIII,	6	Portulacées,	XXI,	3
Aurantiacées,	XXIV,	7	Globulariées,	XV,	4	Primulacées,	XVII,	6
Berbéridées,	XXIII.	1	Graminées,	XI,	1	Renonculacées,	XXII,	5
Bétulacées,	XIII,	4	Hédéracées,	XIX,	5	Rhamnées,	XX,	1
Borraginées,	XVI,	1	Hépaticées,	IX,	4	Ribésiacées.	XXI,	2
Campanulacées,	XVIII,	4	Hypéricacées,	XXIV,	6	Rubiacées,	XIX,	3
Capparidées,	XXI,	6	Jasminées,	XVII,	4	Rutacées,	XXIII,	3
Caprifoliacées,	XIX,	4	Iridacées,	XII,	3	Salicacées,	XIII,	5
Cariophyllées,	V,	7	Juglandées,	XIII,	2	Saxifragacées,	XX,	2
Champignons,	IX,	2	Labiées,	XVII,	5	Scrofulariées,	XVII,	1
Convolvulacées,	XV,	5	Lauracées,	XIV,	2	Solanacées,	XVI,	5
Chénopodées,	XXI,	6	Légumineuses,	XX,	6	Synanthérées,	XIX,	2
Citracées,	XXIV,	7	Linacées,	XXIII,	4	Térébinthacées,	XXI,	1
Colchicacées,	XI,	3	Lichénacées,	IX,	3	Tiliacées,	XXIV,	4
Composées,	XIX,	2	Liliacées,	XI,	4	Vacciniées,	XVIII,	3
Conifères,	XII,	5	Lycopodiacées,	IX,	6	Valérianées,	XIX,	1
Crucifères,	XXII,	1	Magnoliacées,	XXII,	6	Verbénacées,	XVII,	3
Cypéracées,	X,	5	Malvacées,	XXIV,	5	Violariées,	XXI,	5
Cupulifères.	XIII,	1	Mousses,	IX,	5	Vitacées,	XXIII,	2

TABLE ALPHABÉTIQUE DES PLANTES

LA
CLEF DE LA BOTANIQUE

ICONOGRAPHIE ET ANALYSES
MISES EN REGARD DES FIGURES

Segnius irritant animos demissa per aures
Quam quæ subjecta oculis fidelibus.
(HORACE, *Art poét.*)

TRADUCTION LIBRE :
Ce que l'oreille perçoit impressionne
moins que ce que l'œil voit.

AU LECTEUR

Par sa classification et sa terminologie complexes, la science des végétaux rebute les mémoires insuffisantes ou paresseuses. C'est pourquoi nous voulons essayer d'en simplifier l'étude.

Cette publication comporte *soixante* planches gravées fidèlement et *soixante* pages de texte, sous forme de légendes. C'est bien peu sans doute; et pourtant nous espérons qu'elle recevra un bon accueil du public, en justifiant son titre. Car nous estimons qu'aux mains du néophyte, ce livre sera comme la lampe éclairant les méandres de l'aimable science.

Les planches comprennent près de deux mille cinq cents figures, dont chacune fait face à sa légende respective. Elles représentent les unes les *Organes*, leurs formes, modifications, etc.; d'autres, les caractères distinctifs des *Familles végétales*; d'autres encore, les types ou *Plantes* à l'état adulte, considérées sous le rapport des traits, de l'habitat, des usages, etc.

Or ce sont ces figures qui donnent l'explication et réalisent l'opportunité de l'épigraphe ci-dessus.

Dr A. B.

INTRODUCTION

Est un *corps* tout ce qui, dans la Nature, frappe nos sens par des qualités spéciales : l'air, la terre, une pierre, un arbre, un animal, sont autant de *corps*.

Linné les distingue et divise en trois règnes, qu'il caractérise ainsi : *mineralia crescunt; vegetaria crescunt et vivunt; animalia crescunt, vivunt et sentiunt.*

Les corps sont liquides, solides ou gazeux; pourquoi ne dirions-nous pas qu'il y en a d'*intangibles* ou microscopiques ?

Les Minéraux sont dépourvus d'organisation, ils n'offrent que des assemblages de molécules similaires, liées entre elles par la force de l'affinité.

Les Végétaux sont des organismes constitués, soit seulement par une cellule, soit par un grand nombre, par des éléments anatomiques qui tous ont pour principes immédiats fondamentaux des substances organiques *non azotées.*

Les Animaux, au contraire, ont pour principes immédiats fondamentaux des substances organiques *azotées.*

Les éléments organiques des plantes, comme ceux des animaux, sont constitués par des *cellules* microscopiques (de cinq millièmes de millimètre), creuses et pourvues d'un ou plusieurs noyaux.

Les arrangements divers des cellules constituent les *tissus.*

L'étude des tissus, celle des cellules par conséquent, porte le nom d'*histologie.*

La cellule dérive d'une cellule, de même que la plante ne peut provenir que d'une plante, et l'animal d'un animal; une génération ne saurait de soi-même commencer une série de développements nouveaux, d'où il résulte que la *genèse spontanée* des cellules n'existe pas plus que la *génération spontanée* des organismes.

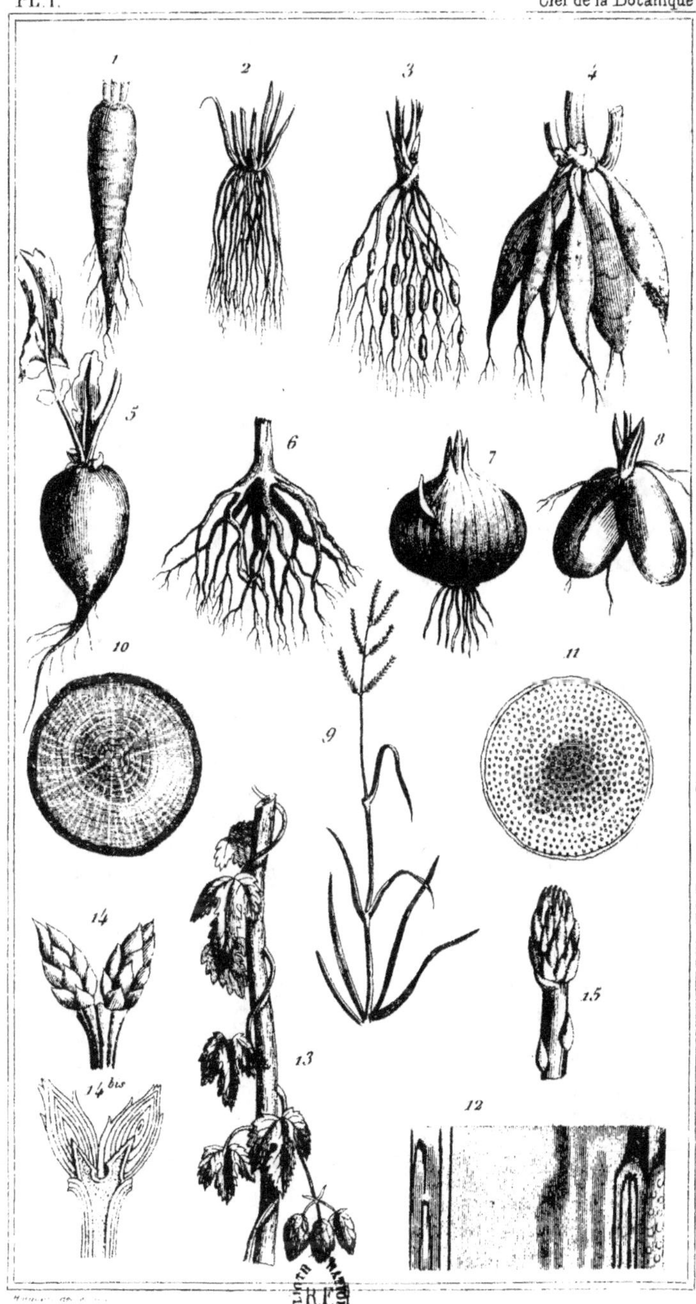

Racines, Tiges, Bourgeons.

ORGANES. — Organographie, Physiologie.   Pl. I.

Fig.

Racines....
1. *Pivotante.* — Carotte.
2. *Fibreuse.* — Paturin.
3. *Noueuse.* — Filipendule.
4. *Tubéreuse.* — Dahlia.
5. *Napiforme.* — Radis.
6. *Rameuse.* — Orme.
7. *Bulbeuse.* — Ognon.
8. *Tubéreuse.* — Orchis.
9. *Herbacée.* — Blé.

Tiges.....
10. *Ligneuse.* — Plantes cotylédonées.
11. *Stipe (arbre).* — Une monocotylédone (coupe horizontale).
12. *Stipe.* — (Coupe longitudinale).
13. *Volubile.* — Houblon.

Bourgeons..
14. Présentant œil, bouton, bourgeon.
14 bis. Coupe longitudinale.
15. *Turion* (de l'asperge).

NOTES COMPLÉMENTAIRES

Les racines se distinguent encore en : *Tortueuse* (Bistorte); *Stolonifère*, émettant en terre des *stolons* ou *filets* qui, à une distance plus ou moins éloignée du pied, produisent de nouveaux individus (Fraisier, etc.) ; *Annuelles* ou ne vivant qu'une année ; *Bisannuelles*, durant deux ans; *Vivaces*, au delà de deux ans.

Physiologie. — Les racines sont pourvues, à leur extrémité, de fibres, spongioles, stomates qui se remplissent d'eau ou de sucs nutritifs au sein de la terre (Voir pl. II). Si l'on enfonce en terre une partie d'une plante vivante, il se développe à son extrémité inférieure des racines qui produisent un nouvel individu devenant plus tard parfait. C'est le mode de reproduction appelé *bouture*.

Les *tiges* des Dicotylédones sont formées de couches superposées, concentriques, emboîtées les unes dans les autres autour d'un centre commun, occupé par le *canal médullaire* (accroissement en diamètre, fig. 10), et ces nouvelles couches sont dues à la sève descendante. Quant à l'accroissement en *longueur*, il est dû aux pousses successives des bourgeons terminaux.

Les tiges des Monocotylédones (stipes) s'accroissent en diamètre et en hauteur sans offrir de couches superposées (fig. 11). Le premier bourgeon est le point de départ de tous les phénomènes d'accroissement (fig. 15 et 12).

Fig.

Ognon . . . . . 1. *a* Plateau ; *b* Écailles ou feuilles ; *c* Bourgeon écailleux ; *d* Tige aérienne ; *e* Racine.

Bulbe. . . . .
2. Tubercule charnu entouré de membranes minces, scarieuses. — Glaïeul.
3. Coupe longitudinale.
3 bis. *Bulbe-Ognon.*

Feuille. . . . .
5. Sans parenchyme, nervurée.
6. A nervures anastomosées
7. A nervures parallèles.
8. *Radicale,* qui part de la racine.
9. *Sessile,* qui est sans pétiole.
10. *Amplexicaule,* embrassant la tige.
11. *Perfoliée,* perforée par la tige.
12. *Lobée,* à limbe découpé.
13. *Sagittée,* en forme de lance. .
14. *Entière,* sans divisions ni lobes.
15. *Dentée,* dont les bords rappellent la scie.
16. *Géminées,* qui naissent par paire d'un même point.
(Voir pl. III.)

NOTES COMPLÉMENTAIRES

Le *pétiole* est la queue de la feuille ; son prolongement constitue la *côte médiane.* On appelle *limbe* le tissu lamelleux qui remplit les intervalles des nervures aux bords de la feuille.

Physiologie. — Les feuilles sont parsemées de *pores,* petites ouvertures imperceptibles dont les usages sont d'élaborer, par le contact de l'air, les fluides et les sucs propres à la nutrition de l'individu et à son accroissement (Voir *Respiration*).

Absorption, Circulation. — La *sève,* convenablement élaborée est, dans les plantes, ce qu'est le chyle chez les animaux. Il y a une sève ascendante et une sève descendante ; celle-ci est plus riche que l'autre, puisqu'elle a profité de l'intervention des feuilles, qui sont les organes respiratoires.

Respiration. — Elle s'opère dans les feuilles, sur lesquelles l'air atmosphérique agit le jour en absorbant l'oxygène ; le soir, la nuit, en exhalant de l'acide carbonique.

Excrétions. — La résine, la cire, les huiles volatiles, les matières sucrées, etc., sont des produits d'excrétion des plantes.

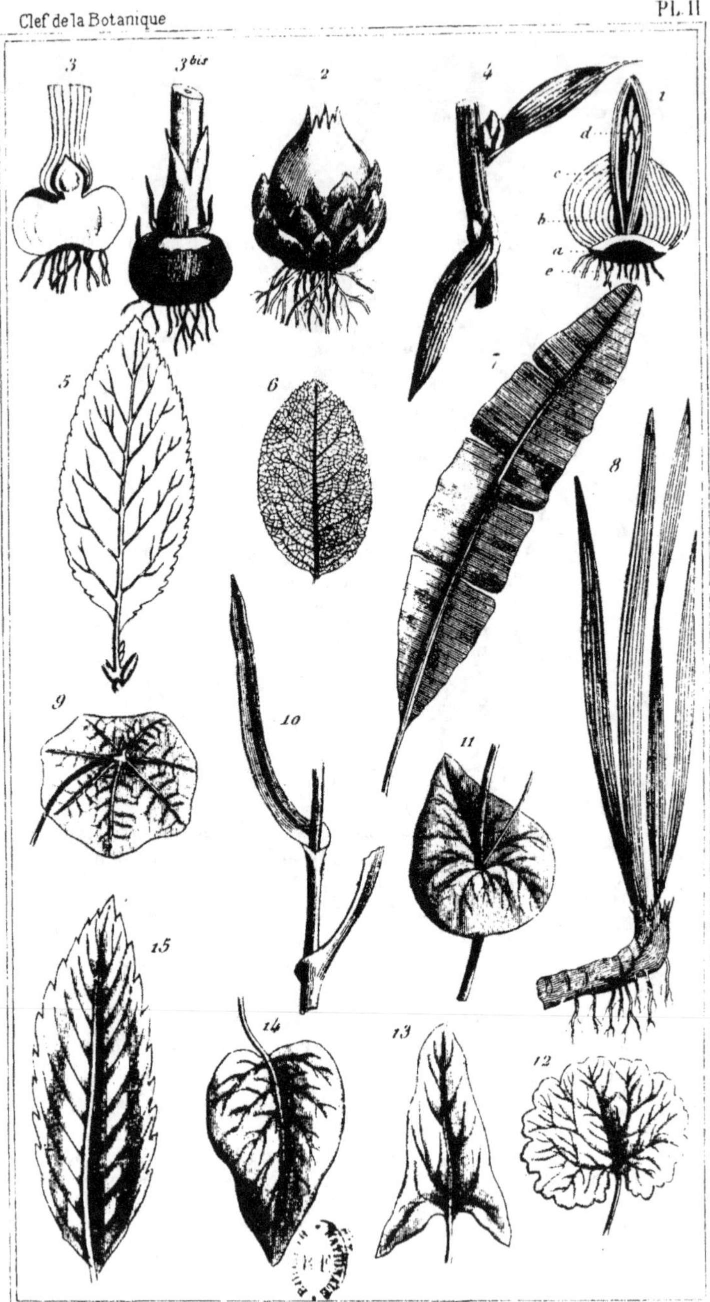

Bulbes, Bulbilles, Feuilles simples

Feuilles composées.

ORGANES. — ORGANOGRAPHIE, PHYSIOLOGIE.   Pl. III.

Fig.

Feuille. . . .
(Suite.)

1. *Laciniée.* — Pissenlit.
2. *Palmée.* — Ricin.
3. *Pennée*, dont les folioles sont situées de chaque côté du pétiole commun. — Acacia.
4. *Digitée*, rappellant les doigts de la main.—Marronnier.
5. *Composée*, qui a des folioles plus ou moins nombreuses.
6. *Décomposée*, présence de petites feuilles sur le pétiole commun. — Persil.
7. *Stipulée*, accompagnée, au point d'origine, d'un appendice appelé stipule. — Rosier.
8. *Alternes*, disposées en échelon sur l'un et sur l'autre côté de la tige.
9. *Opposées*, disposées par paires à la même hauteur de la tige.
10. *Subulée*, en alène. — Genévrier.
11. *Verticillées*, formant rosace autour de la tige. — Aspérule.
12. *Luisantes, coriaces, mucronées* ou en pointe aiguë, etc.

Fig.

Fleur (Composition). .
Fruit (Espèces). . . .

1. Fleur complète, *hermaphrodite*. — Bourrache : *a* Sépales; *b* Pétales; *c* Étamines conniventes soutenant des anthères allongées qui forment une pyramide conique ; *d* Anthères synanthères, cachant le pistil.
2. Étamines *soudées*, enveloppant le pistil. — Bourrache.
3. Feuille de tilleul, avec bractée portant trois boutons.
4. Fleurs en *ombelle* et *ombellules* (Voir pl. VIII).
5. Fruit du chêne (*gland*) dans son involucre.
6. *Nucules* dans leur capsule *hérissée*, coriace, ouverte. — Châtaignier.
7. *Spathe* et *spadice*. — Gouet.
8. Calice *monosépale* ou gamosépale, tubuleux, sépales soudés entre eux.
9. Calice monosépale à *divisions aiguës*.
10.   —   *hérissé*.
11. Calice ou corolle tubuleuse, *limbe lobé*.
12.   — pétaloïde ou corolle, *à divisions aiguës*.
13.   — à sépales presque *libres*, ovaire libre ou *supère*.
14. Fleur complète : corolle (ou calice pétaloïde) à six pétales soudés (monopétale); périanthe simple.
15. Calice et corolle (périanthe double). — Liseron.
16. Sépales et pétales *libres*.
17. Calice et corolle *irrégulière*. — Muflier.

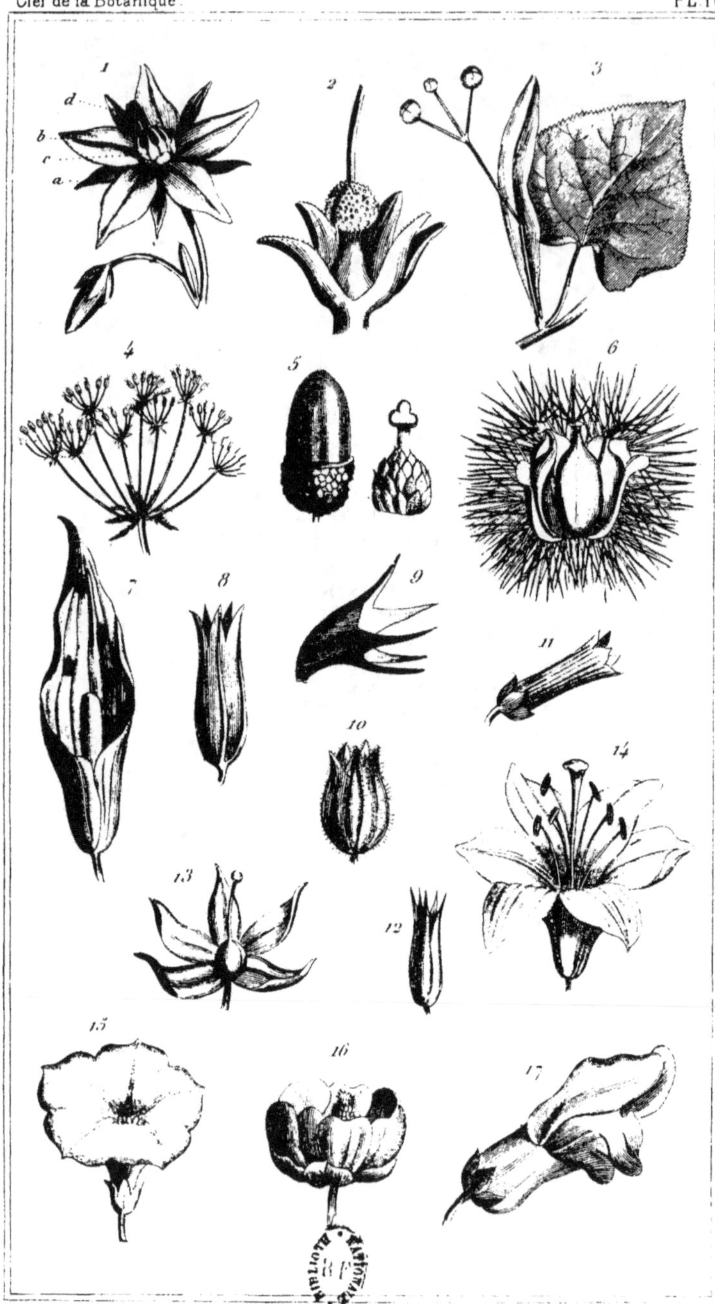

Verticille de la Fleur, Gynophore, Bractée, Involucres,
Cupule, Spathe, Calices.

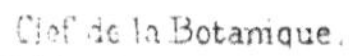

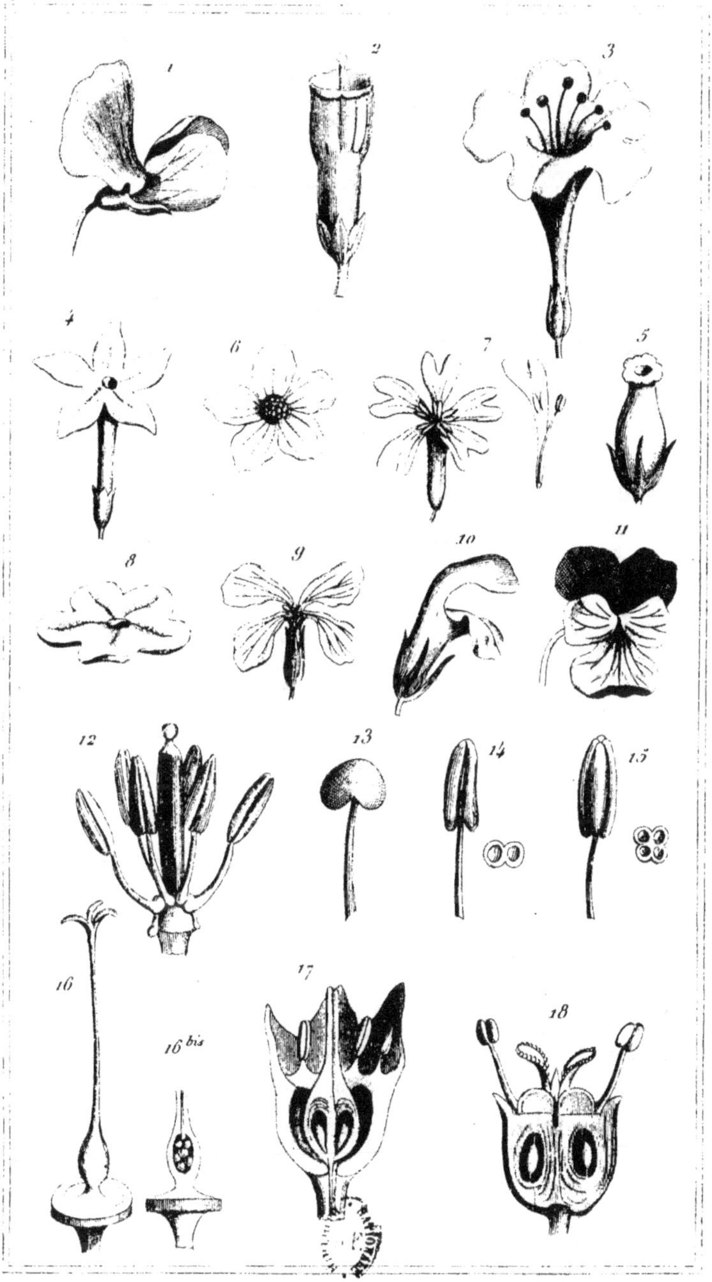

Corolles, Étamines, Pistil, Anthères, Disques et Ovaires

ORGANES. — ORGANOGRAPHIE, PHYSIOLOGIE.   Pl. V.

Fig.

Corolle . . . .

1. *Papilionacée*, cinq pétales inégaux, dont le supérieur, le plus grand, est l'*étendard*, les deux latéraux, *ailes*, les deux intérieurs, soudés, *carène*.
2. *Tubuleuse* en partie, limbe dilaté.
3. *Infundibuliforme*, en forme d'entonnoir.
4. *Tubuleuse* presque entièrement, limbe dilaté.
5. *Urcéolée*, renflée à sa partie moyenne.
6. *Rosacée*. — Ronce.
7. *Caryophyllée*, cinq pétales unguiculés, à côté un pétale avec étamine et deux empreintes.
8. *Rotacée*, limbe figurant une roue.
9. *Cruciforme*, pétales en croix et à long onglet.
10. *Bilabiée*, qui figure deux lèvres.
11. *Anomale.* — Pensée.

Étamines . . .

12. Étamines et pistil, sans périanthe (Androcée et Gynécée).
13. Étamine isolée, à une loge.
14.   —   biloculaire ou à 2 loges.
15.   —   4-loculaire ou à 4 loges.
16. Pistil, style, stigmate trilobé.
16 bis. Coupe de l'ovaire montrant les ovules.
17. Coupe d'ovaire hypogyne ; plateau, étam. périgynes.
18. Coupe de l'ovaire infère, stigmate bilobé.

NOTES COMPLÉMENTAIRES

Les étamines offrent à considérer le *filet* et l'*anthère*. Le *filet* est *libre* ou *soudé*, etc. ; il peut manquer et l'étamine est alors dite *sessile*. L'*anthère* est un petit sac membraneux à une, deux ou trois loges, etc., contenant le *pollen*, poussière fécondante. L'anthère est *introrse* ou *extrorse*, suivant qu'elle regarde l'intérieur de la fleur ou l'extérieur.

Le *périanthe* se compose des organes qui enveloppent ou protègent la fleur (calice, corolle). Le périanthe *simple* est celui qui n'est formé que par l'un de ces organes, soit le calice, soit la corolle. Quand c'est le premier, on le dit *pétaloïde*, mais c'est plutôt alors à une corolle monopétale que l'on a affaire.

ORGANES. — ORGANOGRAPHIE, PHYSIOLOGIE.   PL. VI.

Fig.

Corolle. . . . . 1. *Irrégulière*, ouverte, montrant le pistil et les étamines *didynames* (4 dont 2 plus longues).

2. *Tétradynames*, six étamines dont deux plus courtes.
3. *Monadelphes*, soudées par leurs filets et formant un seul corps; *anthères distinctes.*
4. *Diadelphes*, filets réunis en deux *androphores.*
5. En *trois androphores*. — Oranger.

Étamines. . . 6. En *cinq androphores*. — Mélaleuque.
7. *Sessiles*, c'est-à-dire soudées avec le pistil et manquant de filets. — Aristoloche.
8. *Synanthères*, dont les anthères et les filets sont soudés avec le pistil, faisant ainsi une sorte de tube dans lequel s'engage le style. — Chicorée.

Fruit. . . . . . 11. Gousse.

12. Triloculaire, à trois loges, contenant les ovules.
13. Multiloculaires (plus de trois loges).
Ovaires. . . . 14. Coupe longitudinale d'un ovaire à deux loges.
15. *Supère* ou épigyne.
16. *Infère* ou hypogyne; étamines sessiles.
17. Ovaire à styles nombreux, *supères*, filiformes.

18. Styles et stigmates *soudés* ensemble.
19. Carpelles *soudés dans le bas*, libres à la partie supérieure.
Carpelles. . .
20. Style partant d'un carpelle. — Benoite.
21. Coupe de l'ovaire, loges ouvertes, le style épargné.

NOTES COMPLÉMENTAIRES

Le *Carpelle* est l'organe qui renferme le ou les germes; il fait partie du pistil, lequel comprend l'ovaire et le style.

On qualifie d'*hermaphrodite* la fleur qui porte étamines et pistil. — *Unisexuées* sont celles auxquelles manquent soit les étamines, soit le pistil. — *Monoïques*, celles dont les sexes sont séparés l'un de l'autre sur le même individu. — *Dioïques*, celles dont les mâles et les femelles sont portés sur deux pédicules distincts, mais de la même espèce, ou sur deux individus séparés, lesquels peuvent exister loin l'un de l'autre.

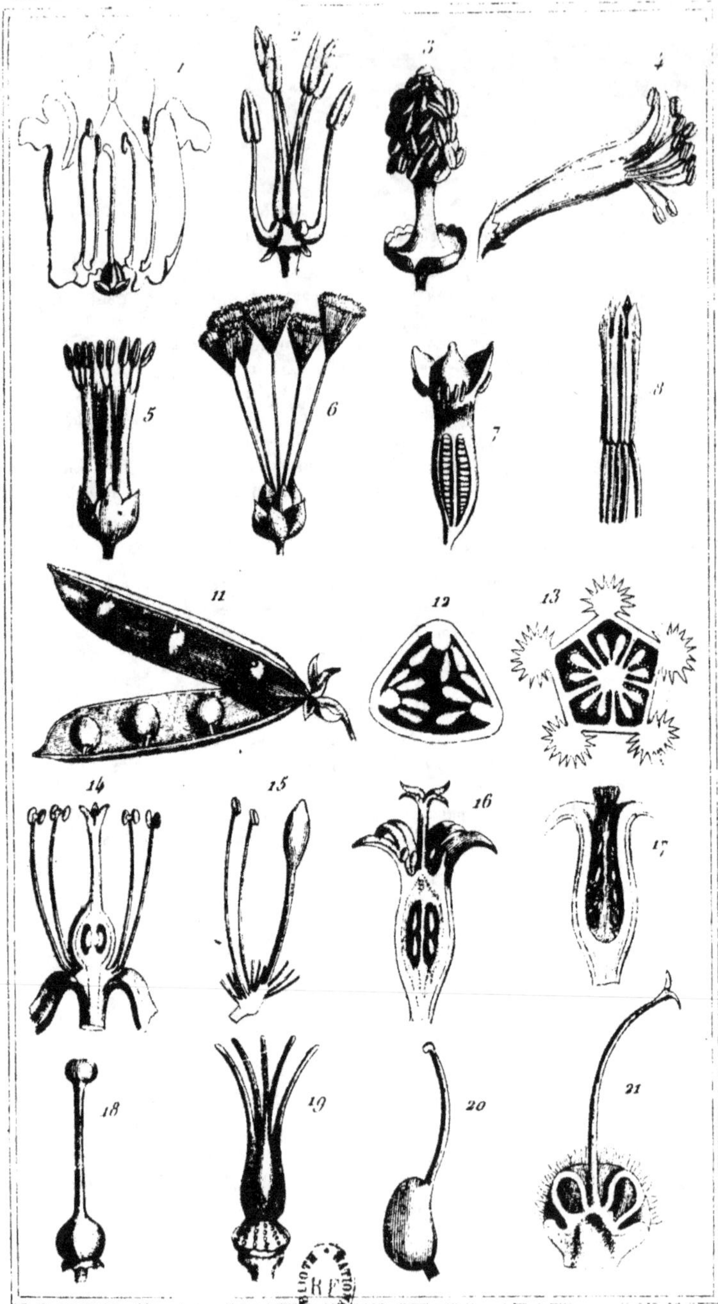

Étamines soudées, Placentas, Ovaires, Pistils.

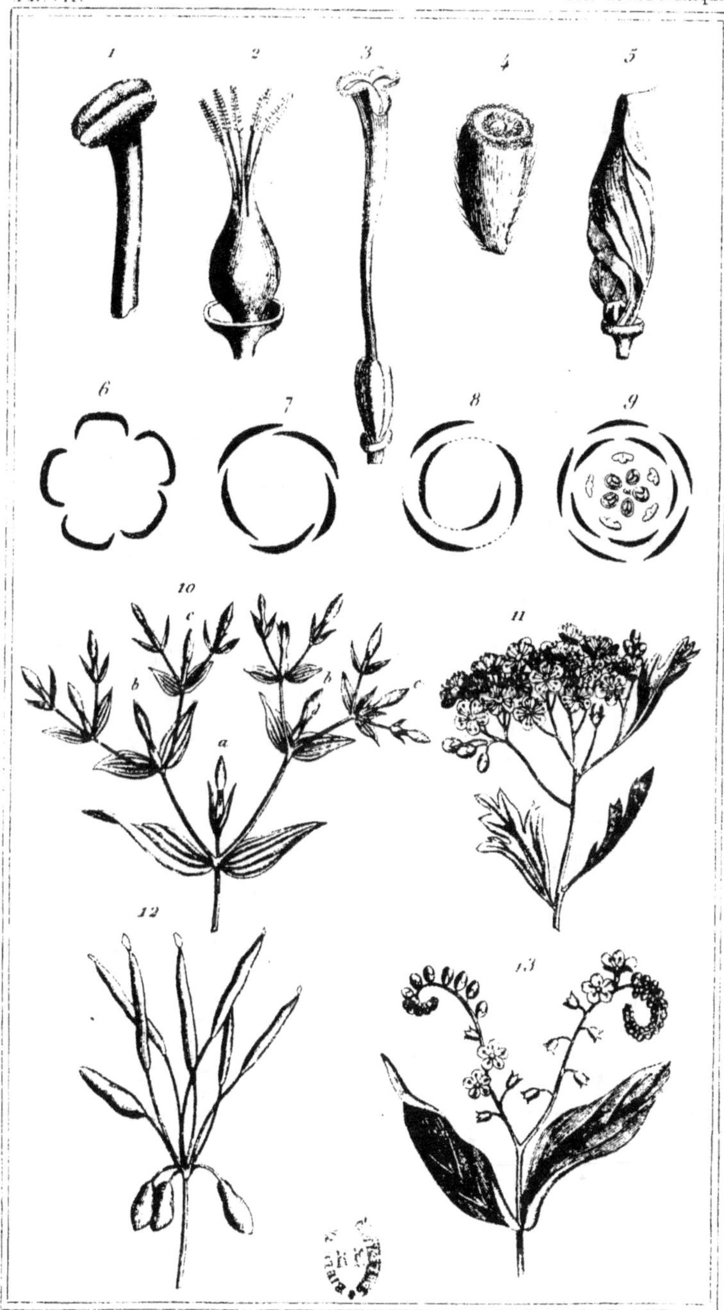

Stigmates, Préfloraisons, Cymes.

ORGANES. — ORGANOGRAPHIE, PHYSIOLOGIE.   Pl. VII.

Fig.

Carpelles, stigmates, inflorescence.

1. Styles et stigmates *soudés*.
2. Carpelles *soudés* par le bas; styles et stigmates libres.
3. Stigmate *trilobé*, terminant cinq styles.
4. Stigmates *sessiles*, appliqués sur l'ovaire.
5. Préfloraison *contournée*.
6, 7, 8, 9. Divers modes de préfloraison.
10. Inflorescence.
11. *Corymbe*, inflorescence où les pédoncules floraux partent de différents points de la tige et arrivent à une même hauteur.
12. *Cyme*, mode d'inflor. où les pédoncules floraux, nés d'un même point de la tige, se divisent irrégulièrement et se terminent à peu près à la même hauteur. (Cette figure représente une cyme de fruits.)
13. *Inflor. scorpioïde*, sorte de grappe roulée en crosse, à l'extrémité de laquelle les fleurs n'occupent que le côté convexe.
00. *Thyrse*, fleurs disposées en grappes à pédicelles rameux, ceux du milieux étant plus longs que ceux du bas du sommet.

NOTES COMPLÉMENTAIRES

Fleur *solitaire*, qui est seule à l'aisselle de chaque feuille. — *Géminées*, fleurs naissant par paire d'un même point de la plante. *Verticillées*, celles qui forment une sorte d'anneau autour de la tige. — Une *Panicule* est l'assemblage de fleurs dont les pédoncules, partant d'un cône commun, sont courts, ramifiés, plus courts encore à la partie supérieure qu'à la base. — *Préfloraison* signifie la manière d'être ou d'arrangement des différentes parties d'une fleur, avant son épanouissement (fig. 6, 7, 8, 9). — Des fleurs petites (fleurons et demi-fleurons), étant placées sur un pédoncule (pl. VIII, fig. 7) forment un *Capitule*.

ORGANES. — Organographie, Physiologie.   Pl. VIII.

Fig.

1. *Grappe*, inflorescence où les axes secondaires sont à peu près égaux.
2. *Corymbe.*
3. *Ombelle.*
4. *Ombelle, ombellule.*
5. *Épi.* Fleurs en grand nombre disposées le long du pédoncule, éparses, en spirale sur plusieurs rangs horizontaux.
6. *Épi* composé *d'épillets.*
7. *Capitule*, réunion de petites fleurs au sommet d'un pédoncule ou d'un réceptacle.
8. *Sycone*, organes florifères attachés à un réceptacle charnu très développé. — Dorsthénie.
9. *Involucre charnu*, renfermant les organes fructifères qui donnent lieu à de petits drupes. — Figuier.
10. *Capsule à déhiscence septicide*, s'ouvrant par des sutures qui correspondent aux cloisons.
11. *Déhiscence loculicide*, correspondant aux loges.
12. *Déhiscence septifrage*, où le péricarpe s'ouvre par des sutures.
13. *Déhiscence denticide.*
14. — *poricide* par des pores.
15. — *transversale*, s'ouvrant à la manière d'une boîte à savonnette.
16. *Cariops.* Fruit sec indéhiscent. — Blé.
17. *Samare*, capsule à une ou deux loges, comprimée et munie d'ailes sur les côtés.
18. *Follicule*, capsule allongée, n'ayant qu'une suture longitudinale.
19. *Gousse*, enveloppe membraneuse à deux lames (cosse).
20. *Akène.* Fruit sec indéhiscent à une seule semence, et dont le péricarpe adhère à l'enveloppe de la graine et au tube du calice persistant.

Disposition des fleurs. Genèse des fruits . . .

NOTES COMPLÉMENTAIRES

Physiologie. — L'ovaire (ou le carpelle) contient les ovules. L'*ovule* fécondé ne se distingue qu'au bout de trois à quarante jours. L'extrémité supérieure est dite *cotylédonaire*, l'inférieure *radiculaire*. Les cotylédons ont pour fonction de nourrir le végétal qui est encore dans la terre, jusqu'à ce qu'il puisse utiliser ses racines naissantes (pl. VIII, 25).

Dans quelques fruits (Fenouil, etc.), l'axe qui persiste après la chute des autres parties de ce fruit se nomme *columelle.*

Quant aux Familles, leurs caractères distinctifs sont tirés des modifications les plus délicates que peuvent présenter leurs organes, car on les recherche même jusque dans l'embryon. On comprend qu'il soit impossible, dans ce Recueil, de signaler ces différences sans le secours du microscope. Cependant, il y a eu des botanistes avant les micrographes.

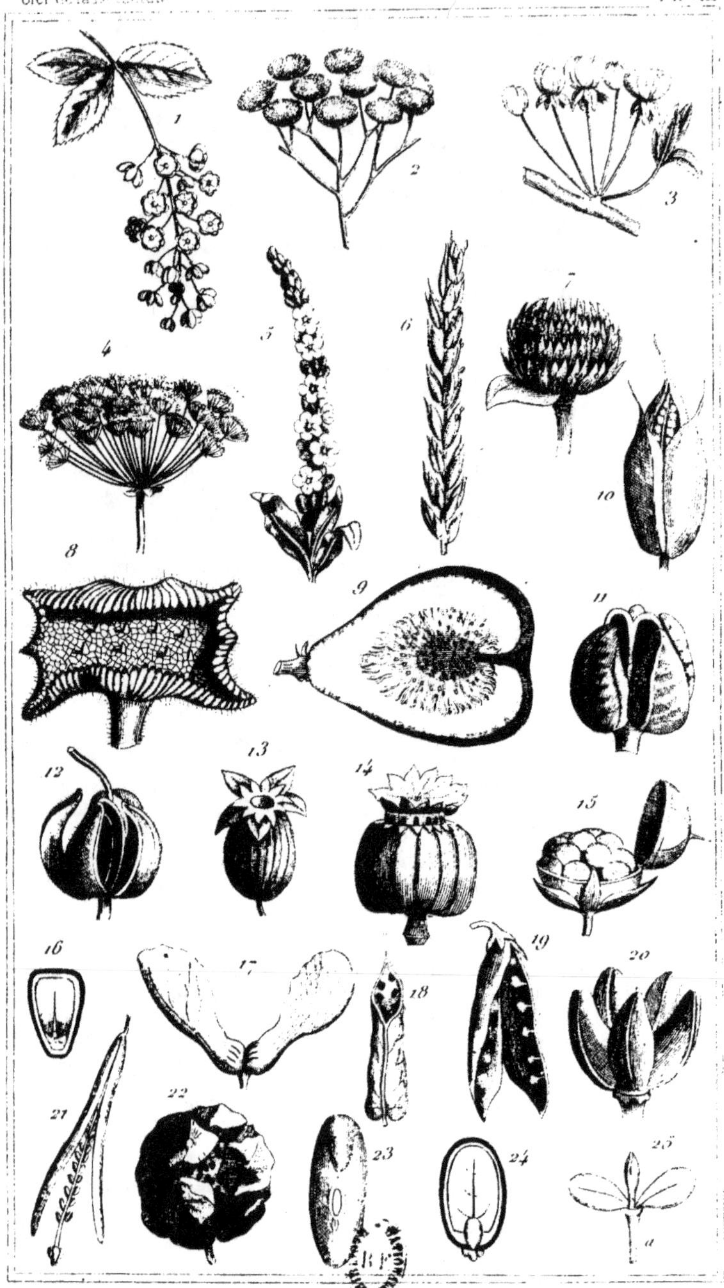

Grappe, Corymbe, Ombelles, Épis, Capitule, Sycone, Déhiscences
Akènes, Samare, Gousse, Silique, Graines, Embryons.

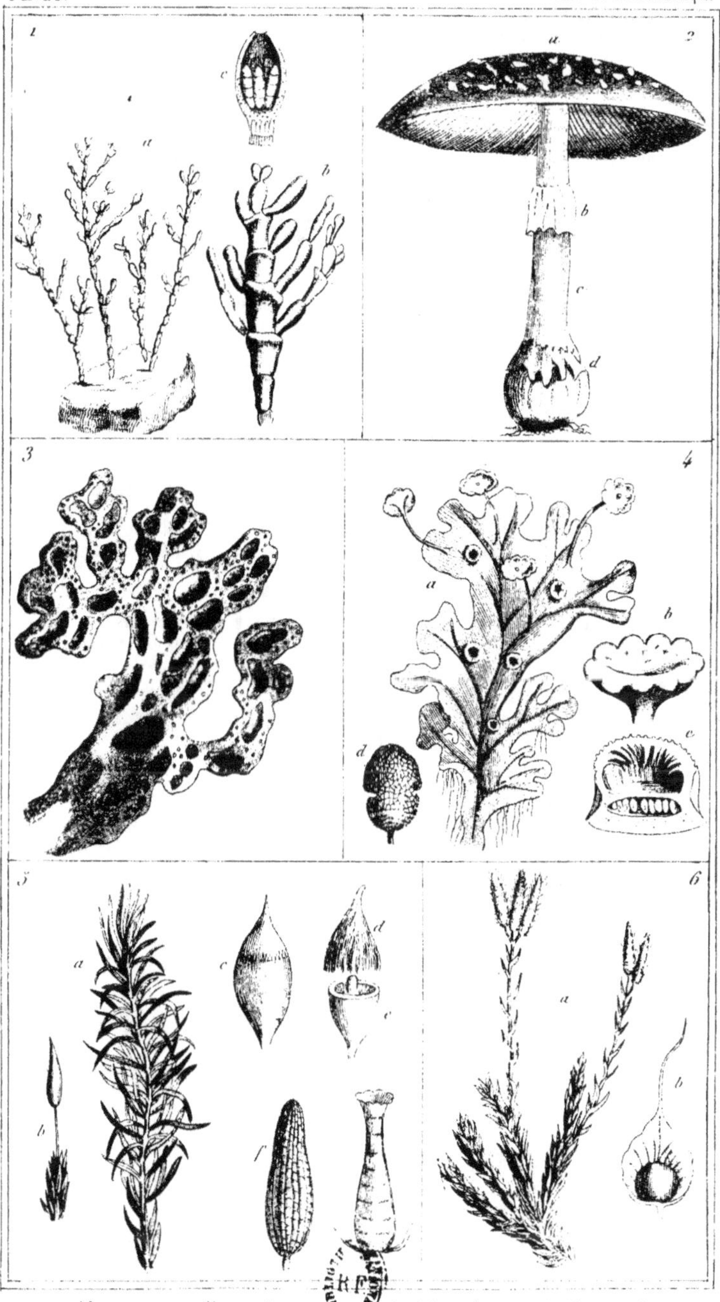

1. Algues   2. Champignons   3. Lichénacées   4. Hepaticées
5. Mousses   6. Lycopodiacées

FAMILLES VÉGÉTALES. — CRYPTOGAMES, ACOTYLÉDONES. Pl. IX.

Algues (CASE 1)

C. G. — Végétaux cellulaires, sans racines ni vaisseaux ; expansions membr., lames ou filaments (*frondes*), nageant au fond de l'eau. Se reproduisent par gemmes ou sporules épars à la surface du végétal. — Genres : Conferves (eaux douces), Algues (la mer).

C. F. Coraline. Algue marine ; frondes très longues, articulées. — *a*. Un individu ; *b*. portion de fronde ; *c*. conceptacle en massue, contenant les sporidies.

Champignons (CASE 2)

C. G. Texture charnue, homogène. Chaque individu est enveloppé d'une sorte de sac (*volva*) avant son entier développement. Se reproduisent par le *mycélium* (*blanc de champignon*) qui contient les spores et thèques, sortes de petits sacs clos. — Genres principaux : Agaric, Bolet, Amanite, Morille, Truffe. Sont souvent vénéneux.

C. F. Amanite fausse-oronge (*Amanita muscaria*). — *a*. Chapeau tacheté de plaques jaunâtres ; *b*. collerette ; *c*. pédoncule ; *d*. débris de la volva. Toxique.

Lichénacées (CASE 3)

C. G. Sortes de croûtes, coriaces, simples ou lobées, spores renfermées dans des conceptacles (*apothécions*). Sur les troncs d'arbres, murs, etc. Genres nombreux, intéressant l'hygiène.

C. F. Lichen de chêne (*Sticta pulmonacea*). Cette espèce vit sur les vieux arbres. Tonique, pectoral.

Hépaticées (CASE 4)

C. G. Frondes cellulo-membraneuses, découpées en filaments. Anthéridies (organes mâles) en forme de rosettes. Capsules réunies dans un réceptacle commun (organes femelles). Terres humides.

C. F. Marchantie. — *a*. Végétal polyforme ; *b*. réceptacle en rosette ; *c*. réceptacle des organes femelles ; *d*. sporidies.

Mousses (CASE 5)

C. G. Touffes vagues, feuilles innervurées. Il y a des espèces monoïques, d'autres dioïques. Organes mâles, anthéridies : Involucres d'où naît l'urne ; fruit pyxiforme. Quand les anthéridies sont réunies avec les urnes, qui sont les organes femelles, on peut dire que la mousse est hermaphrodite. Genres très nombreux.

C. F. Polytric. — *a*. Tige ; *b*. sorte d'épi en massue ; *c*. urne ; *d*. couvercle de l'urne ; *e*. urne découverte ; *f*. anthéridie entourée de paraphyse. Usages nuls.

Lycopodiacées (CASE 6)

C. G. Herb. Tiges rameuses. Feuilles très petites, toujours vertes, sériées. Organes mâles : espèces de chatons, ou anthéridies. Organes femelles : capsules à spores globuleux. Un seul genre.

C. F. Lycopode en massue. — *a*. plante ; *b*. écaille d'un chaton, capsule contenant le pollen, poudre inerte, inflammable, absorbante.

NOTES COMPLÉMENTAIRES

On nomme *Cryptogames* les plantes dont les organes sexuels sont peu apparents ou cachés. Par opposition, les *Phanérogames* sont les plantes dont ces mêmes organes sont manifestes.

Les Phanérogames se divisent en : *Acotylédones*, qui sont dépourvus de cotylédons ; *Monocotylédones*, pourvus d'un seul cotylédon ; *Dicotylédones*, à deux ou plus, cotylédons (pl. VIII, 25).

3

FAMILLES VÉGÉTALES. — Monocotylédones.   Pl. X.

Équisétacées (Case 1)

C. G. Herb. Tige creuse. Feuilles scarieuses verticillées. Pour organes reproducteurs, cônes ressemblant à des têtes de clous, abritant des spores à filaments roulés en hélice et qui, plus tard, se déroulent en croix avec élasticité. Prés humides. Un seul genre.

C. F. Prêle (*Equisetum*). — *a.* Tige portant les spores ; *b.* corps écailleux où sont les globules ; *c.* coupe d'un globule montrant les spores ; *d.* tige stérile (*queue de cheval*).

Fougères (Case 2)

C. G. Tige-racine souterraine. Feuilles ailées, roulées en crosse avant leur développement (*frondes*). Les organes reproducteurs sont placés à la face inférieure des feuilles et consistent en thèques ou capsules contenant les spores avec *indusium;* mais sexes non distincts. Peut-être les Fougères sont-elles cotylédonées ? Genres principaux : *Nephrodium* (fougère mâle); *Pteris* (fougère femelle) (Voy. pl. LX, 1 et 2).

MONOCOTYLÉDONES

(Plantes dont la plantule ou embryon n'a qu'un seul cotylédon (V. notes, pl. IX).

Alismacées (Case 3)

C. G. Herb. vivaces; feuilles engainantes. Fleurs hermaphrodites. Calice à six divisions, dont trois internes, trois externes (double périanthe), vertes foliacées. Étam. six. Ovaire pluri-loculaire, style et stigmate simples. Petites capsules monospermes. Bord des étangs. Genre unique (*Alisma*).

C. F. Fluteau, Plantain d'eau (*Alisma plantago*). — *a.* Tige, épillets, feuille radicale ; *b.* fleur étalée, petite ; *c.* carpelles 15, 20. Capsules indéhiscentes (Vanté jadis contre la rage).

Aracées ou Aroïdées (Case 4)

C. G. Herb. vivaces. Racine charnue. Feuilles radic. engainantes. Fleurs monoïques nues, très petites, disposées en spadice (pl. IV), accompagnées d'une spathe monophylle. Fleurs *mâles* à la partie supérieure du spadice; *femelles* à la partie inférieure. Ovaire uni-loculaire. Baies petites, globuleuses. Lieux humides, ombragés. — Genres : Gouet, Acore.

C. F. Gouet (*Arum*). *Pied-de-veau.* — *a.* Plante, spathe et spadice ; *b.* spadice en massue (une étamine, deux carpelles) ; *c.* baies en maturité; *d.* coupe longitudinale de l'ovaire.

Cypéracées (Case 5)

C. G. Chaumes sans nœuds. Feuilles engainantes. Fleurs hermaphrodites, monoïques ou dioïques, en épis ou en chatons; à chacune d'elles écaille protectrice. Étamines 3. Ovaire à une loge : styles 2-3; stigmates poilus. Akène. Bord des ruisseaux. — Genres principaux : Souchet, Laiche.

C. F. Souchet long (*Cyperus longus*). — *a.* Plante (la racine rampante manque); *b.* épillet ; *c.* fleur isolée, vue par le côté qui regarde l'axe ; *d.* fruit.

NOTES COMPLÉMENTAIRES

La tige des Monocotylédones est généralement herbacée dans nos climats (Graminées, etc.); ligneuse dans les pays chauds (Palmiers, etc.). Feuilles souvent engainantes, à nervures parallèles. Nombre ternaire dans les divisions du périanthe, sur deux rangs.

Cet embranchement comprend les familles qui se succèdent dans cet atlas depuis les Alismacées jusqu'aux Conifères, où commence la série des Dicotylédones.

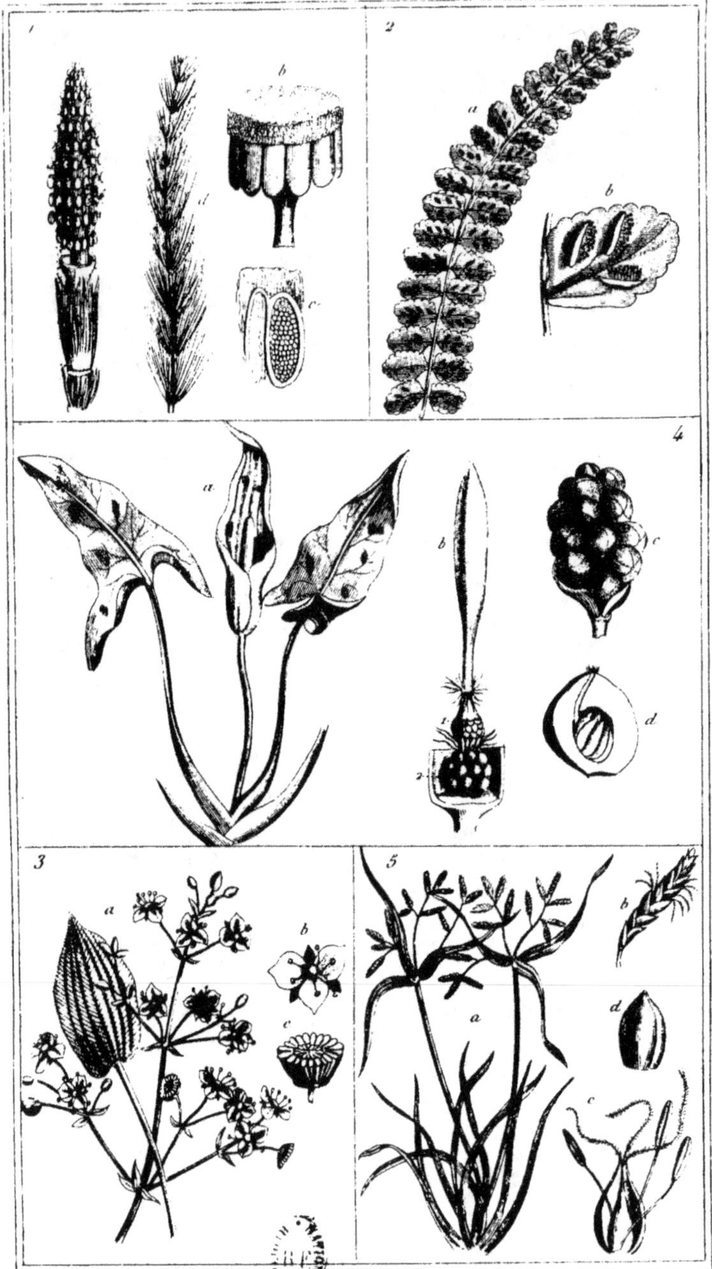

1. Equisétacées   2. Fougères   3. Alismacées
4. Aracées   5. Cypéracées

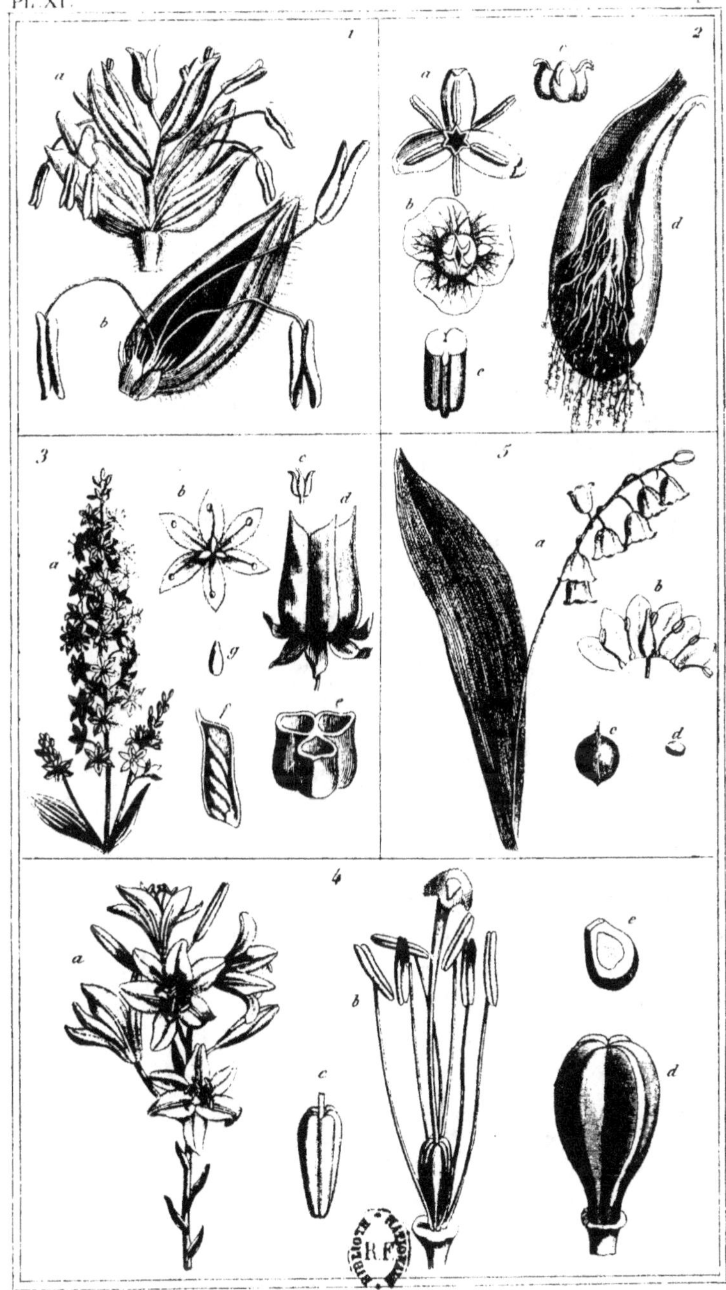

1. *Graminées*   2. *Palmiers*   3. *Colchicacées*

4. *Liliacées*   5. *Asparaginées*

FAMILLES VÉGÉTALES. — MONOCOTYLÉDONES (*Suite*).   Pl. XI.

Graminées (CASE 1)

C. G. Chaume avec nœuds. Feuilles engainantes, gaine fendue. Fleurs hermaphrodites nues, quelquefois unisexuées, en épillets sur l'axe. Périanthe composé de deux écailles (*glume*). Étamines 3. Ovaire à une seule loge, style, stigmates 1-2 barbus ; au bas, deux paléoles (*glumelles*) ; et, à la base de l'épillet, deux écailles vides (*lépicène*). Cariops, akène. Usages : nourriture principale du règne animal.

C. F. Froment (*Triticum*). — *a.* Épillet ; *b.* fleur détachée, vue par sa face interne ; au bas, la lépicène cache l'ovaire.

Palmiers (CASE 2)

C. G. Arbre. Tronc droit, couronné par de grandes feuilles. Fleurs dioïques (mâles et femelles sur pieds distincts) formant panicule vaste (*régime*) enfermée dans une *spathe* dure. Calice à six sépales, dont trois externes, très petits, trois internes grands. Étamines 6. Ovaire à trois carpelles, libres. Baie ou noix. Famille exotique, précieuse au point de vue alimentaire.

C. F. Dattier (*Phœnix dactylifera*). — *a.* Fleur mâle ; *b.* fleur femelle ; *c.* carpelles ; *d.* panicule de fleurs, spathe ; *e.* portion de graine montrant l'embryon.

Colchicacées (CASE 3)

C. G. Herb. bulbeuses. Feuilles naissant du bulbe et se développant avant les fleurs. Périanthe pétaloïde à six divisions, tubuleux à sa base. Étamines 6, attachées au tube et opposées. Ovaire à trois côtes ; ovules nombreux ; trois carpelles, trois styles, trois stigmates. Capsules à trois loges. Prés humides. Principe âcre, vénéneux. — Genres : Ellébore, Cévadille, etc.

C. F. Ellébore (*Veratrum album*). — Racine pivotante. *a.* Hampe à fleurs en panicule ; *b.* calice pétaloïde à six divisions ; étamines 6 et trois carpelles au milieu ; *c.* ovaire tricarpellaire ; *d.* capsule triloculaire ; *e.* la même coupée en travers ; *f.* un de ses côtés avec graines ; *g.* une graine.

Liliacées (CASE 4)

C. G. Herb. quelquefois bulbeuses. Arbrisseaux. Périanthe double. Sépales pétaloïdes 6, soudés en un calice monosépale. Étamines 6, libres. Ovaire libre à trois loges. Capsule à trois valves. Carpel. soudés. — Genres : Ail, Scille, Aloès. Principe actif dans les bulbes.

C. F. Lis (*Lilium*). — *a.* Fleurs blanches à divers degrés de floraison : *b.* étamines et pistil (androcée et gynécée), sans le périanthe ; *c.* ovaire à six carpelles soudés ; *d.* capsule ; *e.* coupe de la graine.

Asparaginées (CASE 5)

C. G. Herbacées. Racine fibreuse. Feuilles alternes. Fleurs hermaphrodites ou unisexuées. Calice pétaloïde, six sépales soudés, formant tube quelquefois. Étamines en même nombre. Ovaire libre à trois loges ; style simple ou trifide ; stigmate trilobé. Baie globuleuse. La salsepareille (exotique) est unisexuée ; Racine très employée comme sudorifique.

C. F. Muguet de mai (*Convallaria maialis*). — *a.* Hampe, fleurs hermaphrodites en grappe unilatérale ; *b.* calice à six sép., ouvert. montrant six étamines et le pistil. ; *c.* baie ; *d.* graine.

FAMILLES VÉGÉTALES. — Monocotylédones (*Suite*).　Pl. XII.

Dioscoréacées (Case 1)

C. G. Plantes volubiles. Racine tubéreuse. Feuilles alt. Fleurs petites, verdâtres, en grappe, hermaphrodites ou dioïques. Calice à six divisions adhérent à l'ovaire. Fleur *mâle* : étamines 6, insér. à la base du calice, libres ou soudées. Fleur *femelle* : ovaire infère tri-loculaire. Capsule ailée, comprimée, ou baie succulente. Bois, haies. Outre le Taminier, l'Igname. Rac. comestible.

C. F. **Taminier** (*Tamus*). **Sceau de la Vierge**. — *a*. Tige grêle, grimpante, fleurie ; *b*. fleur mâle ; *c*. étamines tétradynames libres ; *d*. fleur femelle campanulée par soudure en bas des sépales, style trilobé ; *e*. fruit ; *f*. graine.

Amaryllidées (Case 2)

C. G. Herb. bulbeuses. Feuilles toutes radicales, à nervures parallèles. Fleurs jaunes, ordinairement enveloppées d'une spathe sèche. Calice à six divisions irrégulières, soudées à la base avec l'ovaire, devenu par là monosépale. Ovaire infère. Étamines 6. Capsule triloculaire. Propriétés âcres des bulbes. Plantes d'ornement.

C. F. **Narcisse des prés** (*Narcissus*). — *a*. Fleur penchée d'un seul côté ; *b*. tube calicinal ouvert, dont l'entrée est garnie d'une couronne pétaloïde, étamine, pistil ; *c*. capsule ; *d*. fruit, coupe transversale.

Iridées (Case 3)

C. G. Herb. tubéreuses. Feuilles ensiformes engainantes, planes. Fleurs grandes, jaunes, renfermées dans une spathe au début. Calice à six divisions irrégulières (périanthe double). Étamines 3, libres ou monadelphes. Ovaire triloculaire, stigmate pétaloïde, découpé en lanières. Capsule. Végétaux non vénéneux. — Genres : Iris, Safran.

C. F. **Iris des Marais** (*Iris pseudo-acorus*). — *a*. Hampe portant trois fleurs, dont une dans sa spathe ; *b* Pistil tripartit, stigmate en lanières ; *c*. capsule ; *d*. coupe longitudinale de celle-ci.

Orchidacées (Case 4)

C. G. Herb. Fleurs de formes bizarres ; pollen tombant en une ou plusieurs masses, à deux loges comme l'est l'unique étamine. Ovaire infère, stigmate situé au-dessous de l'étamine. Calice à six divisions, dont trois inférieures à forme bizarre et une plus grande (*labelle, tablier*). Capsule trivalve. Terrestres ou parasites. — Genres : Orchis, Vanille, le premier donne le *salep*, le second est un aromate recherché.

C. F. **Orchis** (*O. mascula*). — *a*. Hampe, fleurs (les tubercules manquent) ; *b*. style et stigmate réunis ; *c*. gynostème.

DICOTYLÉDONES (Apétales)

(*La plante est pourvue de deux cotylédons. Se divisent en Apétales, Monopétales, Polypétales.*)

Conifères (Case 5)

C. G. Arbres résineux. Feuilles subulées, géminées, coriaces, persistantes. Fleurs monoïques ou dioïques ; *mâles*, en chatons jaunâtres ; *femelles*, en chatons ovoïdes à écailles imbriquées. Étamines situées à la base des écailles dont chacune représente une fleur. Fruit (cône) formé par assemblage d'écailles : l'Amande est douce, comestible. Matières résineuses. Elles produisent la térébenthine, le goudron, etc.

C. F. **Pin sauvage** (*Pinus sylvestris*). — *a*. Partie de branche avec cône ou fruit ; *b*. chaton de fleurs mâles ; *c*. chaton de fleurs femelles ; *d e*. écailles de chaton femelle représentant deux fleurs femelles renversées.

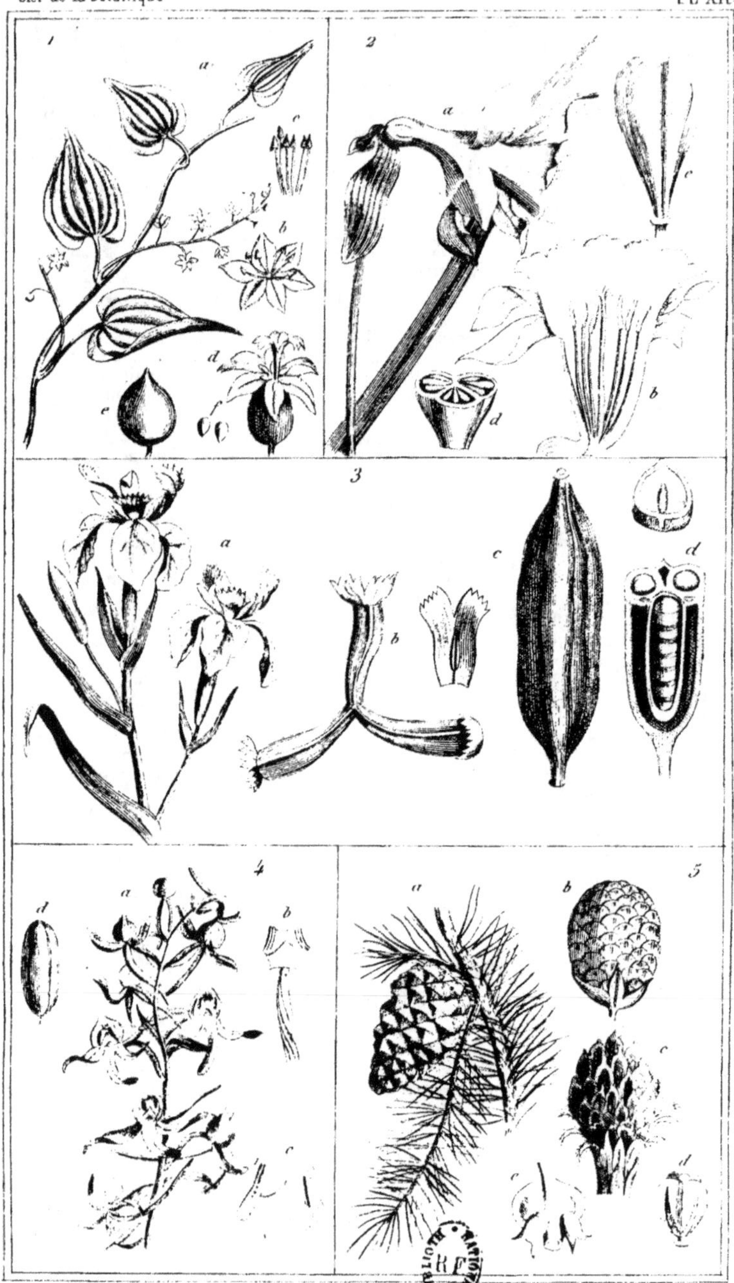

1. *Dioscorcacées*   2. *Amaryllidées*   3. *Iridacées*
4. *Orchidacées*   5. *Conifères*

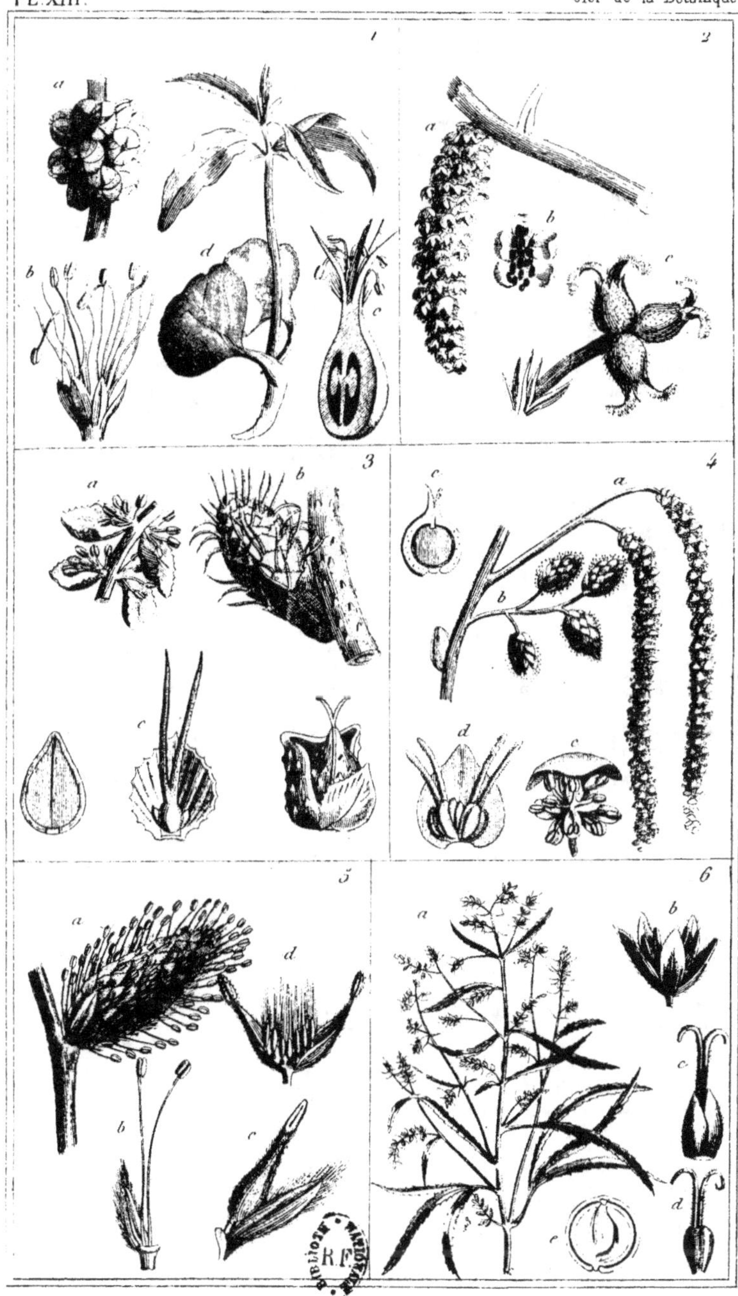

1. Cupulifères   2. Juglandées   3. Myricacées
4. Bétulacées   5. Salicacées   6. Urticacées

FAMILLES. — Dicotylédones Apétales (1).   Pl. XIII.

Cupulifères (Case 1)

C. G. Arbres. Fleurs unisexuées. Chatons mâles allongés ; étamines 5 à 20 sur une écaille ou calice plurisépale. Fleurs femelles à involucre, devenant *cupule* écailleuse ; ovaire infère, couronné par le calice denté. *Gland* dans sa cupule ; celle-ci à forme variant suivant les genres : Chêne, Platane, Noisetier, etc. Écorces amères. Fruits farineux.

C. F. Châtaignier (*Castanea*). — *a*. Portion de branche portant des fleurs mâles ; *b*. Fleur mâle ; *c*. Fleurs hermaphrodites provenant des mêmes boutons, mais ne faisant pas partie des chatons mâles ; coupe de l'ovaire ; *d*. Cotylédons et stigmate.

Juglandées (Case 2)

C. G. Grands arbres. Fleurs monoïques ; mâles en longs chatons, calice à six divisions ; étamines en nombre variable ; femelles, axillaires solitaires ou réunies au sommet de jeunes rameaux ; ovaire infère surmonté du limbe du calice, deux stigmates épais. Un seul genre.

C. F. Noyer (*Juglans*). — *a*. Chaton mâle ; *b*. fleur mâle isolée à six sépales et nombreuses étamines ; *c*. Fleurs femelles 3 au moment de la fécondation, ovaire globuleux, deux styles épais, stigmate en massue.

Myricacées (Case 3)

C. G. Arbrisseaux à suc résineux. Fleurs monoïques ou dioïques. Chatons mâles allongés, les femelles écailleuses ; sous chaque écaille une fleur à style très court ; deux stigmates longs, subulés. Fruit globuleux, recouvert d'une matière cireuse blanche, dont on peut faire des bougies.

C. F. Cirier (*Myrica*). — *a*. Fleurs mâles à l'aiselle | d'écailles ; *b*. Chaton de fleur femelle ; *c*. Fleur femelle seule à l'aisselle de son écaille, style très court; deux stigmates très longs, subulés.

Bétulacées (Case 4)

C. G. Arbres. Fleurs en chatons ; mâles, allongés ; femelles, petits, ovoïdes, situés au-dessous ; deux ou trois fleurs à l'aisselle de chaque écaille, qui s'épaissit en formant une sorte de cône. — Genres : Bouleau, Aune.

C. F. Bouleau (*Betula*). — *a*. Branche portant deux chatons mâles allongés ; *b*. Même branche, avec trois chatons femelles ; *c*. Fleur mâle sous son écaille ; *d*. Écaille de deux fleurs femelles munies chacune de deux stigmates ; *e*. coupe du fruit.

Salicacées (Case 5)

C. G. Arbres, arbrisseaux. Fleurs dioïques, dont les chatons paraissent avant les feuilles. Chatons mâles, ovoïdes, écailles menues ; étamines 1 à 24 libres ; chatons femelles, écailles à la base desquelles est le pistil, à deux stigmates. Capsule bivalve terminée en pointe. — Deux genres : Saule, Peuplier Écorce astringente, amère.

C. F. Saule (*Salix*). — *a*. Chaton de fleur mâle ; *b*. Fleur mâle isolée ; *c*. Fleur femelle ; *d*. Capsule bi-valvaire ouverte, montrant les graines, petites et surmontées de longs poils soyeux.

Urticacées (Case 6)

C. G. Herbes, arbrisseaux, arbres. Fleurs monoïques ou dioïques ; fleurs mâles à sépales distincts ou soudés, étamines 4-5 ; fleurs femelles disposées en épis globuleux, ovaire libre, deux stigmates. Le pied mâle est souvent pris pour le pied femelle, et *vice versa*. — Genres : Ortie, Houblon, Figuier, Orme, Pariétaire.

C. F. Chanvre (*Cannabis*). — *a*. Pied à fleurs dioïques; *b*. Fleur mâle ; *c*. Fleur femelle ; *d*. Pistil à style velu, terminé par deux stigmates ; *e*. coupe de la graine. Une fleur mâle, dit-on, suffit pour féconder un champ de fleurs femelles.

---

(1) Plantes dépourvues de pétales, et de corolle par conséquent. Quand les pièces qui composent celle-ci sont indépendantes, la corolle est dite *polypétale*. Une corolle monopétale est censée composée de pétales unis entre eux, et alors elle est souv. désignée par *calice pétaloïde*.

FAMILLES. — Dicotylédones Apétales (*Suite*).   Pl. XIV.

Euphorbiacées (Case 1)

C. G. Herbacées, à suc blanc, laiteux, très âcre. Fleurs unisexuées, petites, réunies dans un involucre commun. Calice double à divisions infères pétaloïdes. Fleurs mâles : étamines en nombre et longueur variables, libres ou soudées en un ou plusieurs androphores; femelles : ovaire à trois loges, stigmates allongés. Fruit : coque bivalve. — Genres principaux : Buis, Croton, Euphorbe, Mercuriale, Ricin, etc.

C. F. Euphorbe épurge (*Euphorbia latyris*). — *a.* Rayons de l'ombelle que formeraient les trois autres qui sont coupés; *b.* Involucre commun montrant les étamines sessiles, la fleur femelle pendant sur son pédicule propre; *c.* Coupe transversale de la capsule triloculaire.

Lauracées (Case 2)

C. G. Arbres, arbustes. Feuilles persistantes, lisses. Fleurs monoïques ou dioïques, petites, verdâtres, calice à six divisions soudées à leur base. Étamines 6 à 9, sur trois rang. anthères s'ouvrant par des valves, filets présentant à leur base deux appendices glanduleux. Ovaire libre, uni-loculaire, style et stigmates simples. Drupe enveloppé par le calice. — Genres : Laurier, Sassafras, Camphrier.

C. F. Laurier (*Laurus nobilis*). — *a.* Portion de rameau à fleurs axil. mâles, involucrées par quatre sépales concaves ; *b.* Fleur mâle épanouie ; *c.* Ovaire fécondé, style court, épais, à stigmate glanduleux ; *d.* Étamine offrant à la base ovulaire deux appendices latéraux ; anthère à 2 loges allongées ; *e.* Baie.

Aristolochiacées (Case 3)

C. G. Arbustes grimpants. Fleurs anomales. Calice pétaloïde tubuleux, déjeté en languette (forme cornet d'abondance). Étamines 6 ou 12, libres, à filet court, ou soudées, et formant avec le style et le stigmate un corps central qui présente à sa circonférence les anthères et est couronné par les six lobes du stigmate. Capsule à six lobes — Genres : Aristoloche, Asaret.

C. F. Aristoloche ronde. — *a.* Rameau avec deux fleurs axil.; *b.* Périanthe d'une fleur hermaphrodite; *c.* Fleur dénuée de périanthe; corps central susnommé; *d.* Fruit, capsule ; *e.* Coupe transversale de ladite ; *f.* Graine.

Daphnacées (Case 4)

C. G. Arbustes, arbrisseaux. Feuilles alt., persistantes. Fleurs peu grandes. Calice tubuleux, quatre ou cinq divisions. Étamines 8, rarement 10, sur deux rangs, attachées au calice, filets très courts. Ovaire supère ; style, stigmate simples. Drupe ou akène. — Genres : Lauréole, Garou. Acreté extrême.

C. F. Daphné. Bois gentil (*Daphne mezereum*). — *a.* Bout de rameau portant deux grappes de fleurs ; *b.* Calice ouvert montrant étamine et pistil (ovaire supère); *c.* Coupe longitudinale de l'ovaire ; *d.* Fruit.

Polygonacées (Case 5)

C. G. Herbacées. Feuilles embrassantes à la base. Fleurs petites, en grappes verdâtres. Calice à trois, cinq ou six sépales, soudés inférieurement. Étamines en nombre variable. Ovaire libre, à une seule loge, terminé par deux ou trois stigmates, sessiles ou non. — Genres : Rhubarbe, Oseille, Sarrasin, Bistorte, Patience, etc.

C. F. Poivre d'eau (*Polygonum hydropiper*). — *a.* Épi de fleur ; *b.* Périanthe (calice) ouvert, montrant étamines et pistil ; *b'.* Calice fermé ; *c.* Ovaire et ses trois stigmates ; *d.* Petit akène, sont de formes diverses.

Chénopodiacées (Case 6)

C. G. Herbacées. Fleurs très petites, verdâtres, hermaphrodites ou unisexuées, en petits paquets à l'extrémité des rameaux. Calice à deux, trois, quatre ou cinq sépales, persistant. Étamines en nombre variable. Ovaire libre, style à une, deux, trois divisions, portant chacune un stigmate. Baie renfermée dans le calice qui devient charnu. — Genres : Épinard, Bette, Camphrée, Petitvère, Soude, etc.

C. F. Arroche (*Atriplex*). — *a.* Sommité fleurie; *b.* Fleur hermaphrodite ; *c.* Fleur femelle composée de deux folioles superposées (elles sont séparées sur la figure); *d.* Akène.

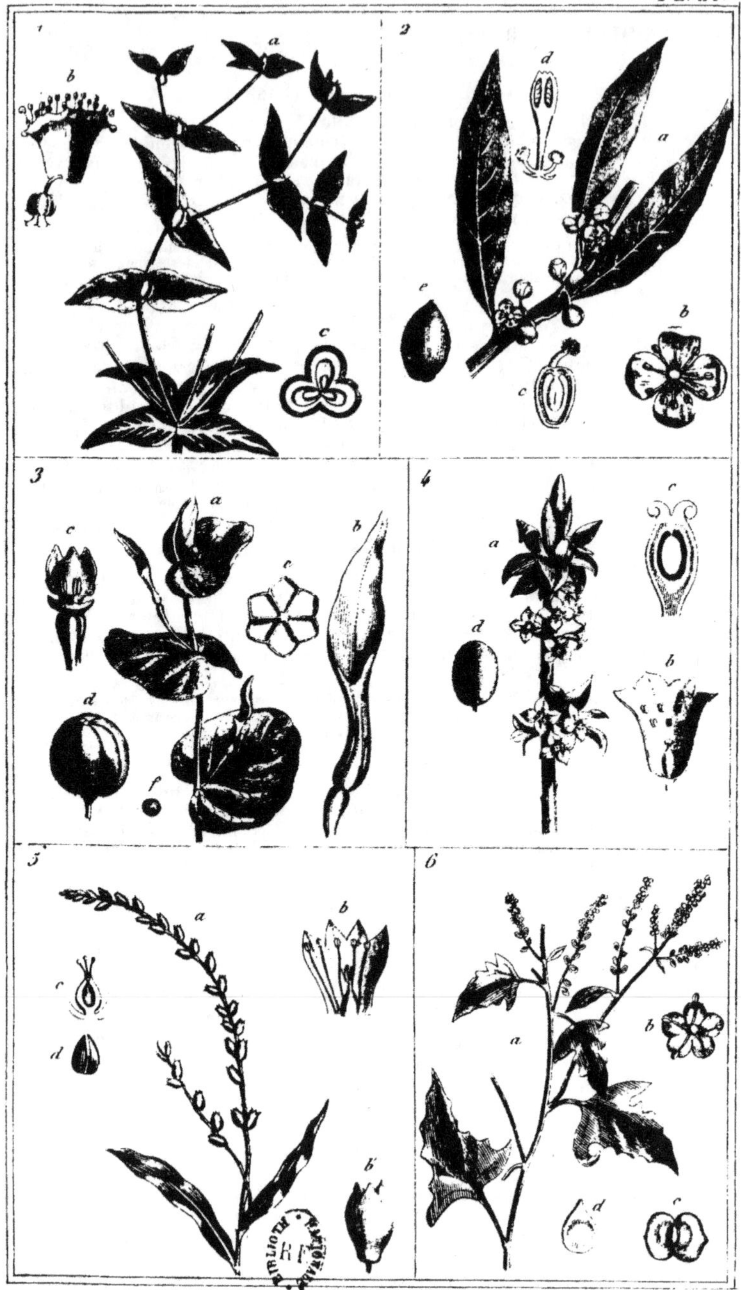

1. Euphorbiacées   2. Lauracées   3. Aristolochiacées
4. Daphnacées   5. Polygonacées   6. Chénopodiacées

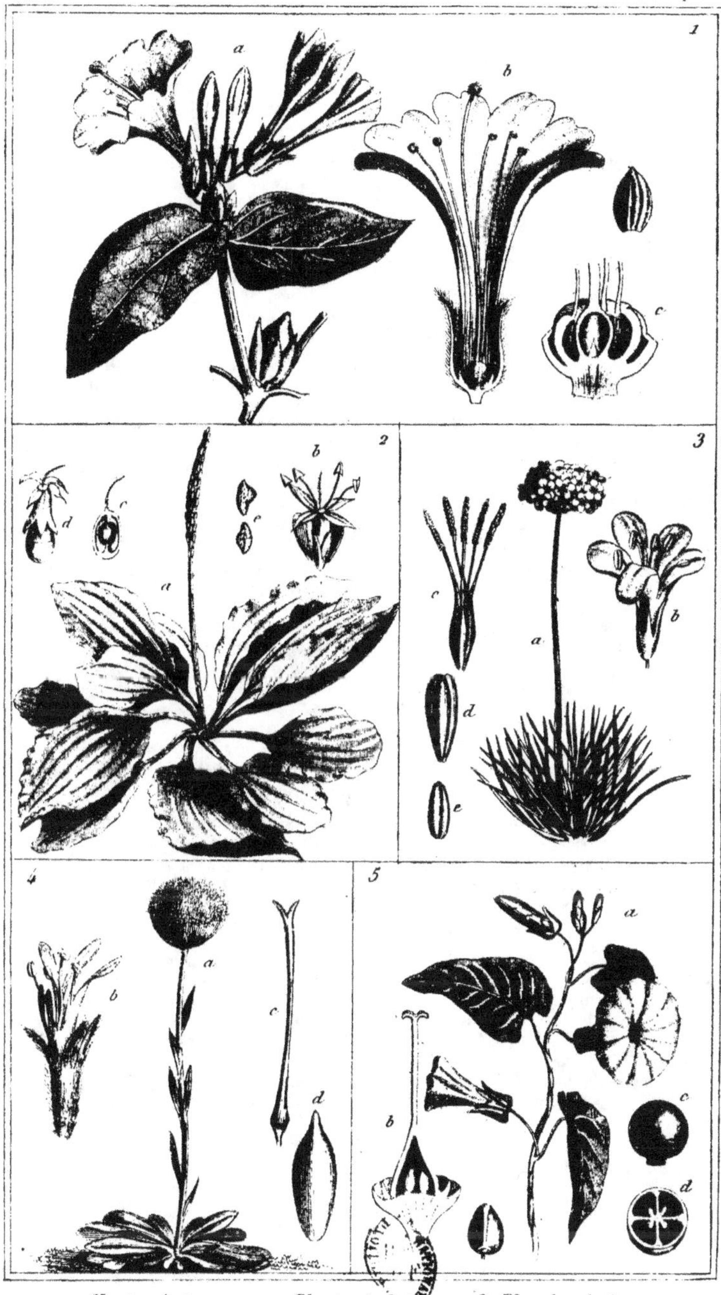

1. Nyctaginées   2. Plantaginées   3. Plombaginées
4. Globulariacées   5. Convolvulacées

FAMILLES. — Dicotylédones Monopétales.   Pl. XV.
(Plantes à un seul pétale) (1).

Nyctaginées (Case 1)

C. G. Herbacées n'ayant qu'un seul genre, le *nytago*. Racine tubéreuse. Feuilles oppos., pétiolées. Fleurs grandes, à couleurs variées. Diffère des précédentes par le port, le style, le stigmate. Calice tubuleux à lobes plissés. Akène renfermé dans le calice.

C. F. Nyctage. Belle-de-nuit (*N. Hortensis*). — *a*. Sommité fleurie, fleur épanouie, avec cinq étamines, le style saillant ; *b*. Coupe longitudinale d'icelle, corolle entourée d'un involucre ressemblant à un calice et l'ovaire entouré de l'anneau formé par la base des filets staminaux ; *c*. Coupe de ces derniers, grossis.

Plantaginées (Case 2)

C. G. Herbacées. Feuilles souvent radicales. Fleurs hermaphrodites (monoïques dans la Littorelle) en épis serrés. Calice à quatre sépales ; corolle scarieuse, quatre pétales, étamines 4, dressées. Ovaire libre, stigmate biloculaire. Akène recouvert par le calice et la corolle persistante. Pyxide très petite. Graines mucilagineuses.

C. F. Plantain (*Plantago major*). — *a*. Plante à feuilles étalées en rosettes ; *b*. Fleur hermaphrodite ; *c*. Coupe de l'ovaire et style : *d*. Pyxide grosse comme un grain de millet ; *e*. Graine plane d'un côté, convexe de l'autre. Vivace.

Plombaginées (Case 3)

C. G. Herbacées vivaces. Feuilles nombreuses, réunies à la base de la tige. Fleurs en épi ou glomérule terminal. Calice à cinq dents, tubuleux, persistant. Corolle à cinq pétales, libres ou soudés. Étamines 5. Ovaire à une loge, qui a cinq styles, cinq stigmates. Capsule monosperme. — Deux genres : Dentelaire, Statice. Plantes acres.

C. F. Statice (*Statice*). — *a*. Plante, feuilles linéaires en touffe (gazon d'Olympe) ; *b*. Fleur entière ; *c*. Pistil à cinq stigmates (caractère principal) ; *d*. Capsule enfermée dans le calice ; *e*. Graine.

Globulariées (Case 4)

C. G. Herbacées ou arbustes. Feuilles alternes, souvent coriaces. Fleurs en capitule, petites, blanches. Calice à cinq sépales inégaux. Corolle irrégulière, tubuleuse. Étamines 4 (5ᵉ avortée), insérées au haut du tube. Ovaire à un seul carpelle, libre ; style simple. Akène recouvert par le calice persistant. Deux espèces de la globulaire.

C. F. Globulaire (*Globularia vulgaris*). — *a*. Tige et capit. terminal ; *b*. Fleur grossie, calice velu, corolle monopétale irrégulière, ligulée, étamines 4 ; *c*. Pistil, style filiforme, stigmate bifide ; *d*. Fruit.

Convolvulacées (Case 5)

C. G. Tige grêle, volubile. Racine tubéreuse. Feuilles alternes. Fleurs axillaires, grandes. Calice à cinq divisions. Corolle monopétale régulière, limbe entier ou à cinq lobes. Étamines 5, insérées à la partie inférieure du tube. Ovaire libre, à 2-4 loges. Capsules recouverte par le calice. — Genres : Liseron comprenant : L. Patate, L. Scammonée, L. Jalap. Racines purgatives.

C. F. Liseron des haies (*Convolvulus*). — *a*. Extrémité florifère ; *b*. Coupe du pistil et du disque épais de la base de l'ovaire ; *c*. Fruit (sans le calice) ; *d*. Coupe horizontale du même.

---

(1) *Monopétales*, c'est-à-dire à un seul pétale, lequel est censé composé de pétales soudés formant tube dans une plus ou moins grande partie de leur longueur. *Monosépale* se dit aussi des sépales ne formant qu'une seule pièce ou périanthe.

FAMILLES. — Dicotylédones Monopétales (*Suite*).   Pl. XVI.

Borraginées (Case 1)

C. G. Herbacées hérissées. Calice à cinq divisions régulières, persistantes. Corolle monopétale régulière, offrant quelquefois à l'orifice du tube cinq appendices saillants, creux. Étamines 5, à anthères introrses. Carpelles ou ovaires 4, plus ou moins soudés, uni-loculaires. Akènes 4, environnés du disque hypogène. — Genres : Cynoglosse, Bourrache, Buglosse, Pulmonaire, Consoude ; Plantes émollientes.

C. F. Consoude (*Symphytum*). — *a*. Branche florifère ; *b*. Corolle ouverte, montrant les orifices des cinq appendices de la gorge ; *c*. Carpelles sur le disque ; *d*. Graine.

Gentianées (Case 2)

C. G. Herbacées sous-frutescentes. Feuilles opposées. Calice à cinq sépales distincts ou soudés en partie. Corolle monopétale régulière, persistante, à cinq lobes. Étamines en même nombre que les lobes, variables. Ovaire libre à deux carpelles, style simple. — Genres : Gentiane, Petite Centaurée. Amers, Toniques.

C. F. Ményanthe. Trèfle d'eau (*M. trifolia*). — *a*. Grappe de fleurs (chaque fleur située dans l'aisselle d'une petite écaille) ; *b*. Corolle ouverte (forme particulière), montrant les étamines, lobes étalés ; *c*. Ovaire globuleux, entouré d'un disque pointu ; style bifide.

Asclépiadées (Case 3)

C. G. Herbacées, arbrisseaux, arbres ; plantes lactescentes-âcres. Calice à 5 sépales. Corolle monopétale, cinq lobes tordus en spirale, adhérents avec les cinq étamines, soudées le plus souvent par leurs filets et anthères, ce qui forme une sorte de tube qui recouvre les carpelles et le pollen en formant une masse. Follicule double. — Genres : Dompte-venin, Cynanque, Tylophore. Acreté.

C. F. Asclépiade (*Asclepias*). — *a*. Fleur ; *b*. Coupe longitudinale de la fleur ; *c*. Coupe horizontale des deux carpelles ; *d*. Follicule à déhiscence laissant échapper les soies dont sont aussi pourvues les graines (d'où le nom vulgaire d'*herbe à la ouate*).

Apocynées (Case 4)

C. G. Plantes de toutes grandeurs à suc lactescent, âcre. Calice à cinq divisions, persistant. Corolle à cinq lobes, de formes contournées. Étamines cinq, libres ou réunies par leurs filets et anthères. Carpelles 2. sur disque hypog., styles 2, distincts d'abord, se soudant ensuite et se terminant par une sorte d'anneau placé sous le stigmate simple ou bilobé. Follicule double. — Genres : Pervenche, Nérion. Principes vénéneux.

C. F. Laurier-rose (*Nerium oleander*). — *a*. Extrémité en fleurs (au centre desquelles lanières pluri-lobées) ; *b*. Étamines arquées, rapprochées ; anthères surmontées d'un filet coloré ; *c*. Ovaire enveloppé du calice (*c'*) persistant ; *d*. Follicules géminés très allongés ; *e*. Graine couverte d'une houpe de poils.

Solanacées (Case 5)

C. G. Plantes herbacées, d'aspect sombre, ann. ou vivaces. Feuilles grandes, étalées sur la terre. Calice monosépale à cinq divisions. Corolle à cinq lobes. Étamines 5, à filets libres. Ovaire (2 carpelles) sur disque hypogyne, style simple, stigmate capitulé ou trilobé. Baie ou capsule bivalve. Trois tribus : *Solanées, Hyosciarées, Nicotianées.* — Genres : Belladone, Morelle, Piment, Coqueret, Jusquiame, Tabac, Stramoine. Suspectes, dangereuses.

C. F. Mandragore (*Atropa mandragora*). — *a*. Plante (sans la racine qui est grosse et bifurquée) ; *b*. fleur détachée (coupe longitudinale) montrant le pistil et les étamines ; *c*. Coupe horizontale de l'ovaire ; *d*. Fruit revêtu du calice ; *e*. Graine.

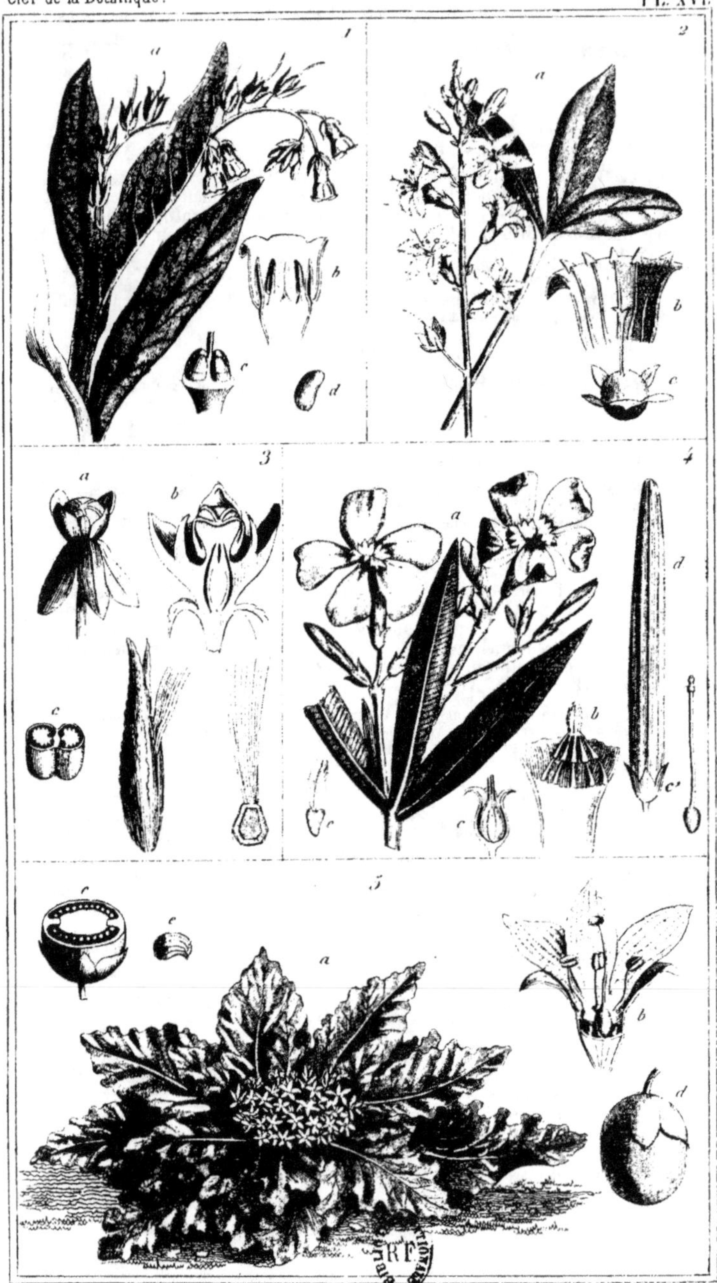

1. *Borraginées*   2. *Gentianées*   3. *Asclépiadées*
4. *Apocynées*   5. *Solanacées*

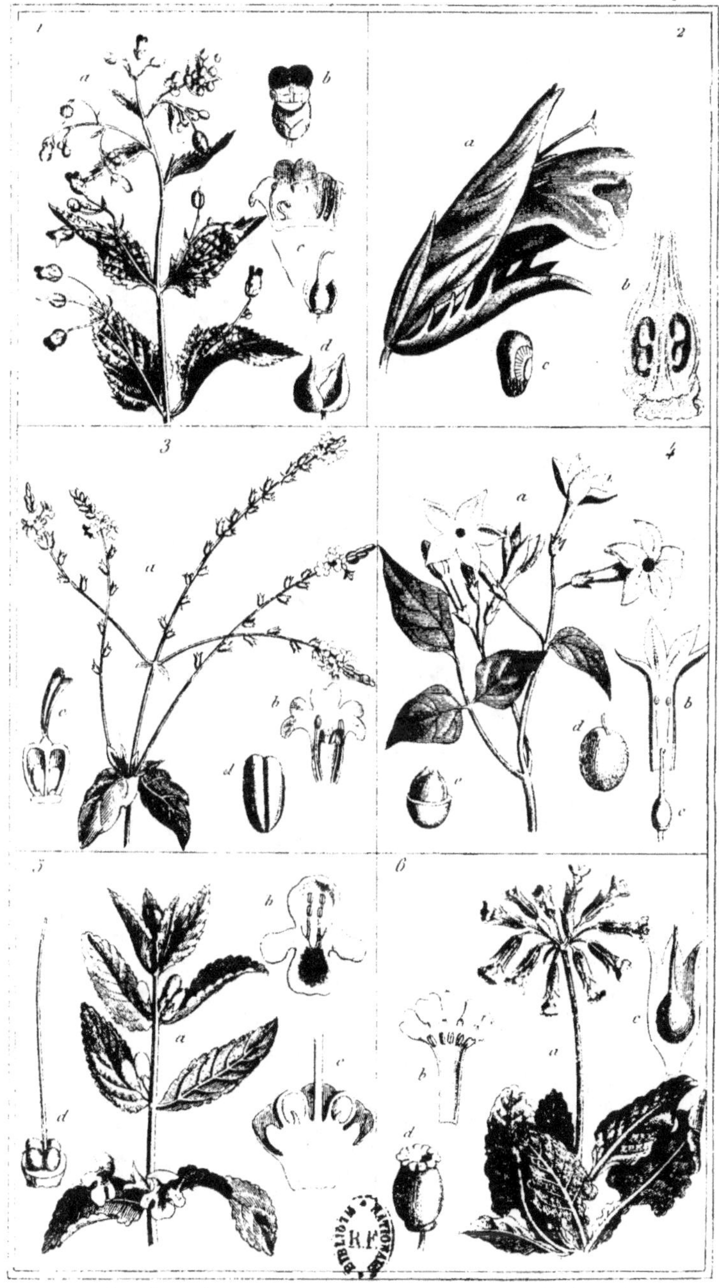

1. Scrofulariées.   2. Acanthacées   3. Verbénacées
4. Jasminées   5. Labiées   6. Primulacées

FAMILLES VÉGÉTALES. — Dicotylédones Monopétales (*Suite*).

Scrofulariées (Case **1**)

C. G. Herbacées. Feuilles opposées. Fleurs en épis ou en grappes. Calice à quatre ou cinq divisions, persistant. Corolle irrégulière à deux lèvres. Étamines 4, la 5ᵉ avortée. Ovaire épigyne. Deux carpelles, stigmate bilobé. Capsule bivalve. — Genres : Digitale, Euphraise, Véronique, Gratiole.

C. F. Scrofulaire noueuse (*scrofulariana nodosa*). — *a*. Tige fleurie, carrée ; *b*. Fleur globuleuse, irrégulière, à lobes inégaux ; *c*. Corolle ouverte, étamines 4 et la 5ᵉ avortée, pistil (fig. au-dessous), ovaire entouré du calice ; *d*. Capsule (déhiscence variable suivant le genre).

Acanthacées (Case **2**)

C. G. Acanthe (seul genre). Deux espèces : 1° *la molle* (*Acanthum mollis*), 2° *l'épineuse* (*A. spinosus*).

C. F. Acanthe sans épines. — *a*. Fleur ; *b*. Coupe longitudinale de l'ovaire, appuyé sur disque hypogyne ; *c*. Graine.

Verbénacées (Case **3**)

C. G. Herbes, arbrisseaux. Feuilles opposées, pinn. Fleurs petites, en épis lâches. Calice persistant. Corolle irrégulière, quelquefois bilabiée. Étamines 4, didynames. Ovaire sur disque mince, 4 loges, style simple. Stigmate capité. — Genres : Verveine, Gattilier.

C. F. Verveine (*Verbena*). — *a* Branches garnies de fleurs en épis ; *b*. Corolle ouverte, étamines didynames ; *c*. Coupe de l'ovaire épigyne, stigmate renflé, capitulé ; *d*. fruit allongé à quatre coques monospermes.

Jasminées (Case **4**)

C. G. Arbres, arbrisseaux grimpants. Feuilles opposées. Fleurs hermaphrodites (polygames dans le Frène). Calice 5-denté. Corolle régulière à limbe, quatre ou cinq divisions profondes. Étamines deux. Ovaire libre, stigmate bifide. Capsule ou nuculaine. — Genres : Verveine, Lilas, Frène, Jasmin.

C. F. Jasmin. — *a*. Tige fleurie ; *b*. Corolle ouverte, montrant les deux étamines ; *c*. Pistil ; *d*. Drupe ; *e*. Fruit coupé de manière à découvrir les nucules.

Labiées (Case **5**)

C. G. Herbacées. Tige carrée. Feuilles et rameaux opposés. Fleurs par groupes axillaires. Calice à cinq divisions. Corolle irrégulière à deux lèvres, la supérieure à deux dents, l'inférieure à trois. Étamines 4 (deux au Romarin) attachées au tube corollin. Ovaire à quatre loges. Akènes 4, enfermés dans le calice persistant. Genres nombreux, à deux ou à quatre étamines.

C. F. Mélisse (*Melissa officinalis*). — *a*. Sommité fleurie ; *b*. Corolle à lobes étalées, vue de face, étamines didynames ; *c*. Coupe longitudinale de l'ovaire, des carpelles et du disque ; *d*. Akènes, style long.

Primulacées (Case **6**)

C. G. Herbacées. Feuilles opposées. Calice à cinq sépales, soudés er bas. Corolle hypogyne, régulière, à cinq lobes (formes variées). Étamines 5, insérées au tube corollin. Ovaire libre, à une seule loge. Capsule ou pyxide operculée. — Espèces : Oreille d'ours, Nummulaire, etc.

C. F. Primevère (*Primula*). — *a*. Hampe s'élevant du centre d'un verticille de feuilles ; *b*. Corolle ouverte, montrant les étamines sessiles à sa gorge ; *c*. Ovaire ; *d*. Pyxide operculée.

FAMILLES VÉGÉTALES. — Dicotylédones Monopétales (*Suite*)

Aquifoliacées (Case 1)

C. G. Arbrisseaux, arbres. Feuilles épineuses, toujours vertes, coriaces, alternes. Fleurs petites, axillaires. Calice à quatre sépales. Corolle à quatre pétales, soudés en bas. Etamines 4, insérées à la base des pétales. Ovaire libre, deux à six loges. Stigmate presque sessile, deux à six lobes, autant de nucules. — L'écorce du genre Houx sert à préparer la glu.

C. F. Houx (*Hilex*). — *a.* Branche florifère ; *b.* Corolle rotacée ; *c.* Coupe d'une partie du périanthe où se voit l'ovaire à quatre carpelles ; *d.* Drupe ; *e.* Fruit coupé de façon à découvrir les quatre nucules.

Ericacées (Case 2)

C. G. Arbustes. Feuilles alternes, opposées ou verticillées. Fleurs en épi. Calice à quatre ou cinq lobes, persistant. Corolle monopétale à cinq lobes réguliers (quatre dans la Bruyère). Etamines 8 à 10, insérées à la base corolline. Ovaire supère à cinq loges. Baie ou capsule. — Genres : Arbousier, Pyrole, Azalée, etc.

C. F. Rosage (*Rhododendrum*). — *a.* Rameau à fleurs rouges ; *b.* Pistil à cinq carpelles ; *c.* Coupe transversale du fruit.

Vacciniées (Case 3)

C. G. Arbrisseaux. Feuilles alternes, coriaces, persistantes. Fleurs petites, axillaires. Corolle campaniforme 4 à 5 lobes. Etamines 8 à 10 insérées à la corolle, filets libres. Ovaire infère, quatre ou cinq loges. Style allongé simple. Fruit : petites baies globuleuses dont la saveur est aigrelette et qui servent à préparer une boisson rafraîchissante.

C. F. Airelle Myrtille (*Vaccinium*). — *a.* Rameau à fleurs solitaires, blanches, forme grelot, calice pétaloïde, couronné de quatre dents petites ; *b.* Coupe de l'ovaire montrant loges, étamines et style ; *c.* Etamine isolée ; *d.* Baie ; *e.* Coupe de celle-ci.

Campanulacées (Case 4)

C. G. Herbacées à suc un peu lactescent. Fleurs en capitules ou réunies en thyrses. Calice à quatre ou cinq divisions. Corolle monopétale régulière (lobélie exceptée). Etamines 4-5, libres ou soudées. Ovaire infère 2-5 loges. Style simple. Stigmate pluri-lobé. — Genres : Campanule, Lobélie.

C. F. Campanule trachélie. — *a.* Plante ; *b.* Corolle monopétale tubuleuse à cinq lobes ; *c.* La même, ouverte, montrant les étamines et le pistil ; *d.* Style long à stigmates lobés.

Cucurbitacées (Case 5)

C. G. Tiges volubiles, poils rudes. Feuilles grandes, poilues. Fleurs monoïques ; *mâles* : calice globuleux, limbe 5-lobé, confondu avec la corolle monopétale ; étamines 5, soudées, formant tube, que traverse le style ; *femelles* : Ovaire infère, avec renflement au-dessus du calice. Fruit charnu. Péponide. — Genres : Bryone, Coloquinte, Pepon, Melon, etc.

C. F. Momordique. Concombre sauvage (*Momordica elaterium*). — *a.* Plante hérissée, fleurs mâles ; *b.* Fleurs femelles, style trifurqué ; *c.* Étamines ; *d.* Fruit hérissé, lançant, à maturité, graines et pulpe au dehors par sa déhiscence basilaire.

Dipsacées (Case 6)

C. G. Herbacées ann. ou vivaces. Tiges fistuleuses. Feuilles opposées. Fleurs irrégulières en un capitule dont le réceptacle est garni d'écailles. Involucre propre à chaque fleur. Calice adhérent. Corolle monopétale irrégulière à quatre ou cinq lobes. Ovaire infère. Akène couronné par le calice. — Genres : Cardère, Scabieuse. Usages médicaux abandonnés.

C. F. Cardère. Chardon à foulon (*Dipsacus fullonum*). — *a.* Tiges hérissées, munies de fleurs formant capitule ; *b.* Calice ; *c.* Corolle fendue, montrant les quatre étamines ; *d.* Coupe de l'ovaire infère ; *d'* Capitule fendu, les périanthes sont munis de crochets ; *e.* Fruit dans son involucre.

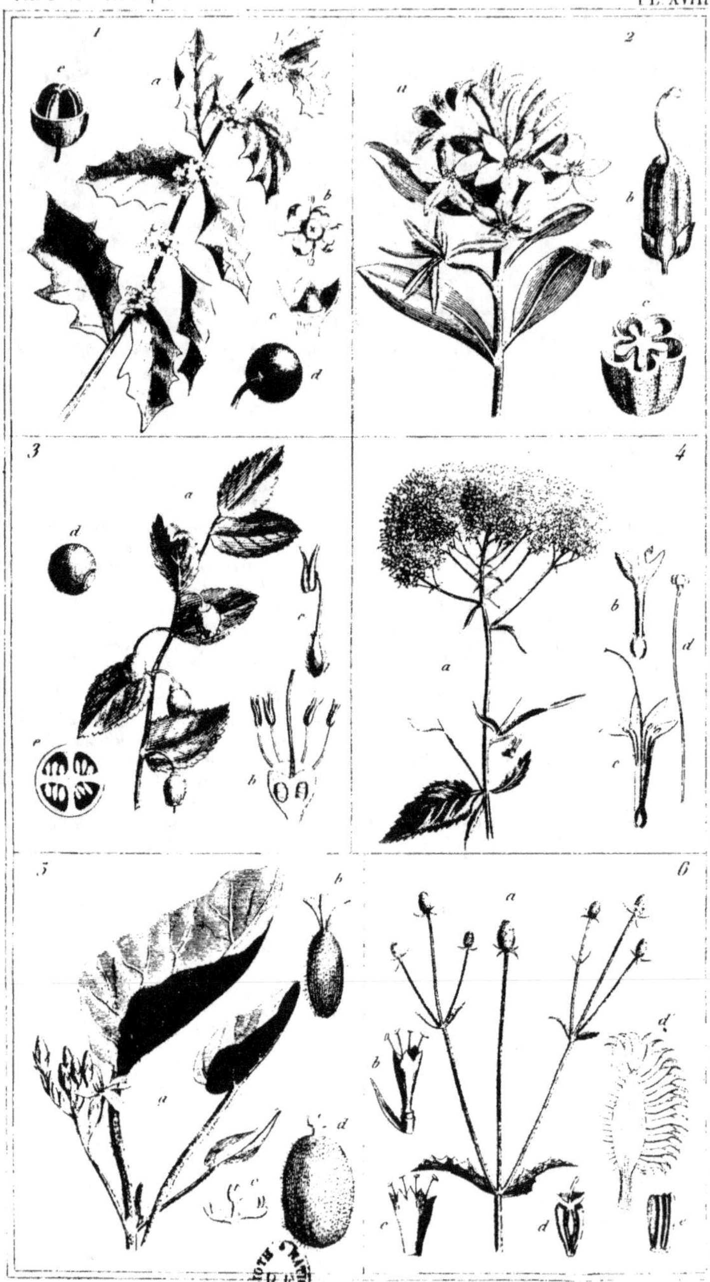

1. Aquifoliacées.   2. Éricacées.   3. Vacciniées.
4. Campanulacées.   5. Cucurbitacées.   6. Dipsacées.

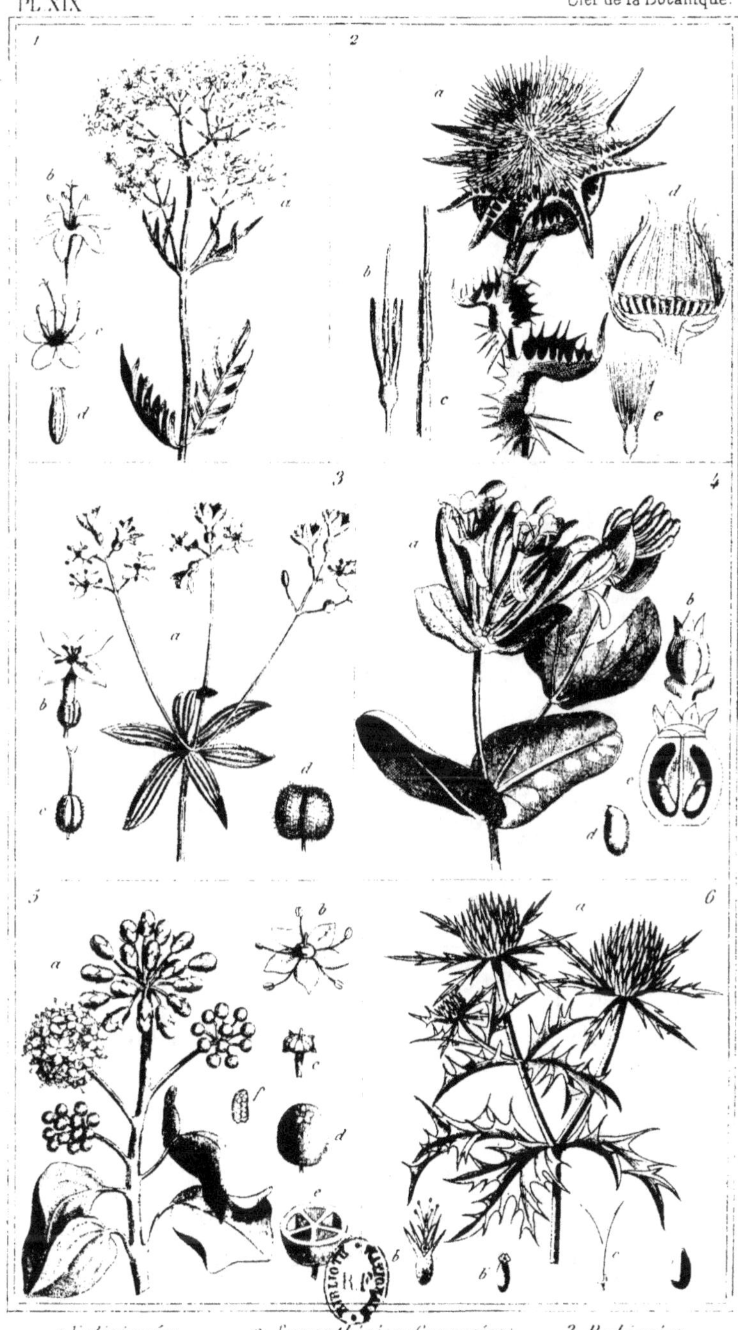

1. *Valérianées*   2. *Synanthérées (Composées)*   3. *Rubiacées*
4. *Caprifoliacées*   5. *Hédéracées*   6. *Ombellifères*

FAMILLES VÉGÉTALES. — Dicotylédones Monopétales (*Suite*)

Valérianées (Case 1)

C. G. Herbacées, bisann. Racine à odeur désagréable. Feuilles opposées pinnatifides, en panicule rameuse. Calice adhérent, roulé d'abord en dedans. Corolle à cinq lobes inégaux. Étamines 1-5, insérées au tube. Ovaire infère, triloculaire, style simple, stigmate à trois divisions. Akène couronné par le calice. — Genres : Valériane, Mâche.

C. F. Valériane-Phu (*Valeriana major*). — *a.* Branche en fleurs ; *b.* Fleur isolée à lobes inégaux, tube étroit à sa base, étamines 3 ; *c.* Corolle évasée, limbe vu de face ; *d.* Fruit recouvert par le calice.

Composées ou Synanthérées (Case 2)

C. G. Famille extrêmement nombreuse, plantes herbacées, le plus souvent. Fleurs petites, disposées en capitule de *fleurons* et *demi-fleurons* ; les premiers sont placés au centre, hermaphrodites, les seconds, unisexués à la circonférence du réceptacle, lequel est entouré d'un involucre commun. Corolle monopétale des fleurons à cinq divisions. Étamines 4-5 unies par leurs filets de manière à former une gaine au pistil. Corolle des demi-fleurons ligulée. — Genres : 1° *Carduacées* (capitules de fleurons); 2° *Chicoracées* (capitules de demi-fleurons); 3° *Corymbifères* (capitules de fleurons au centre, demi-fleurons à la circonférence). Tous sont monopétales, puisque chaque fleur est tubuleuse, plus ou moins.

C. F. Chardon Marie (*Carduus marianus*). — *a.* Branche som. à un carpelle, involucre commun formé de longues épines ; *b.* Fleuron hermaphrodite ; *c.* Pistil (organe femelle) ; *d.* Coupe du réceptacle montrant les godets des fleurons et leurs soies sétiformes ; *e.* Akène aigretté.

Rubiacées (Case 3)

C. G. Herbes, arbrisseaux. Feuilles opposées ou verticillées. Calice adhérent à l'ovaire infère. Corolle monopétale, forme variable, quatre ou cinq lobes. Étamines 4-5. Ovaire pluri-loculaire, disque épigyne, style bifide. Fruit variant selon le genre : Aspérule, Café, Ipéca, Quinquina, etc.

C. F. Aspérule (*Asperula odorata*). — *a.* Tige partant d'un verticille de feuilles ; *b.* Fleur entière, corolle tubuleuse à limbe 4, lobé, réfléchi ; *c.* Ovaire recouvert par le calice adhérent, hérissé ; *d.* Capsule globuleuse, hérissée.

Caprifoliacées (Case 4)

C. G. Arbrisseaux quelquefois volubiles. Feuilles opposées. Fleurs en grappes axillaires. Calice à quatre ou cinq dents, soudé avec l'ovaire infère. Corolle monopétale tubuleuse à quatre ou cinq divisions. Étamines 4-5, à anthère introrse. Ovaire adhérent, disque au sommet, style simple, stigmate à tête. — Genres : Chèvrefeuille, Sureau.

C. F. Chèvrefeuille (*Lonicera*). — *a.* Extrémité fleurie, corolle irrégulière ; *b.* Ovaire, disque ; *c.* Coupe horizontale du même organe ; *d.* Graine.

Hédéracées (Case 5)

C. G. Arbrisseaux, quelquefois sarmenteux. Feuilles alternes. Fleurs petites, en cyme. Calice à quatre ou cinq dents, soudé avec l'ovaire. Corolle à quatre ou cinq pétales distincts. Ovaire adhérent. Baies couronnées par les dents calicinales, renfermant chacune deux à cinq nucules. — Genres : Lierre, Cornouiller.

C. F. Lierre grimpant (*Hedera helix*). — *a.* Rameau à fleurs en corymbe, fruits *b.* Une fleur isolée ; *c.* Ovaire à cinq loges ; *d.* Fruit ; *e.* Coupe du même ; *f.* Une nucule.

DICOTYLÉDONES POLYPÉTALES

(*Plantes pourvues de pétales distincts.*)

Ombellifères (Case 6)

C. G. Tiges fistuleuses. Feuilles décomposées. Fleurs petites, et ombelle simple ou composée. Calice 5-denté, adhérent. Corolle à cinq pétales étalés. Étamines 5, insérées au disque épigyne, filets libres. Ovaire infère surmonté du disque ; deux styles, deux stigmates très petites, Akène marqué de lignes saillantes, etc. — Genres : Œnanthe, Aneth. Ciguë, Coriandre, Carotte, Cerfeuil, Panais, etc.

C. F. Chardon Roland. Panicaut (*Eryngium Campestre*). — *a.* Sommité, ressemblant à un chardon ; *b.* Fleur hermaphrodite, calice à cinq divisions aig., cinq étamines ; *b'.* Ovaire isolé ; *c.* Stigmate.

FAMILLES VÉGÉTALES. — DICOTYLÉDONES POLYPÉTALES   Pl. XX.

Rhamnées (Case 1)

C. G. Arbrisseaux. Feuilles coriaces, simples. Fleurs petites, diversement disposées, axillaires, hermaphrodites, quelquefois unisexuées (Nerprun). Calice à quatre ou cinq divisions, étalé. Corolle à quatre ou cinq pétales très petits. Etamines 4-5, opposées, insérées sur disque, environnant l'ovaire à deux, trois ou quatre loges ; style simple ou à deux, trois, quatre stigmates. Fruit renfermant une ou plusieurs nucules. — Genres : Nerprun, Jujubier.

C. F. Nerprun Bourgène (*Rhamnus frangula*). — *a*. Rameau ; *b*. Fleur entière ; *c*. Coupe d'icelle, étamines sur le disque, ovaire infère ; *d*. Etamine embrassée dans pétale concave ; *e*. fruit à nucules ; *f*. Fruit entier.

Saxifragacées (Case 2)

C. G. Herbacées, arbustes. Feuilles et fleurs à dispositions variables. Calice à quatre ou cinq divisions. Corolle à quatre ou cinq pétales (manque dans Dorine). Etamines 10, attachées au disque qui tapisse le calice. Ovaire à deux carpelles, styles libres. Fruit capsulaire. — Un seul genre : *Saxifraga*.

C. F. Saxifrage (*Saxifraga granulata*) Perce-pierre. — *a*. Tige florifère au sommet *b*. Fleur isolée, épanouie ; *c*. Les carpelles divergeants ; *d*. Coupe du fruit, graines rangées.

Myrtacées (Case 3)

C. G. Arbrisseaux toujours verts. Feuilles parsemées de points glanduleux. Calice adhérent à cinq sépales. Corolle polypétale, non régulière. Etamines très nombreuses à filets libres. Ovaire infère, pluri-loculaire ; style simple, stigmates indivisibles. Baie ou drupe charnue ou capsule s'ouvrant en cinq valves. — Genres : Myrte, Giroflier, Grenadier.

C. F. Grenadier (*Punica*). — *a*. Rameau et fleur : *b*. Coupe du calice, de l'ovaire, pistil, étamine ; *c*. Coupe verticale du pistil de l'ovaire ; *d*. Coupe horizontale du fruit octoloculaire ; *e*. Graine triangulaire.

Crassulacées (Case 4)

C. G. Plantes grasses, charnues. Fleurs en grappes rameuses. Calice à cinq sépales, plus ou moins unis. Corolle à pétales plus ou moins nombreux, quelquefois soudés. Etamines en même nombre. Carpelles, plusieurs, au fond de la fleur, distincts, dont chacun est un ovaire allongé ; style oblong, stigmate simple. Capsules autant que de carpelles.

C. F. Joubarbe des toits (*Sedum*). — *a*. Hampe, fleur en cyme au sommet ; *b*. Fleur entière, plusieurs carpelles ; *c*. Coupe de la fleur, carpelles ; *d*. Coupe longitudinale d'un carpelle plurisperme.

Rosacées (Case 5)

C. G. Plantes de toutes forces et hauteurs. Calice à cinq divisions. Corolle à cinq pétales libres, insérés au calice et disposés en rosace, avec calicule. Etamines en nombre indéfini ; carpelles nombreux, distincts ou soudés, rassemblés sur réceptacle (*Gynophore*). A chaque carpelle ovaire à une loge. Drupes, mélonides ou akènes, etc. Le style est quelquefois latéral, basilaire. — Genres : Arbres fruitiers, etc.

C. F. Rosier Eglantier (*Rosa canina*). — *a*. Bout de rameau épineux, fleur à pétales étalés, étamines nombreuses, carpelles au centre ; *b*. Fruit (Vulg., *Gratte-cul*) ; *c*. Intérieur du fruit ; *d*. Graine.

Légumineuses (Case 6)

C. G. Herbacés, arbrisseaux, qui, d'après la forme des fleurs, se divisent en trois tribus : 1° *Papilionacées*, calice tubuleux, corolle à cinq pétales irréguliers dont le supérieur est l'*étendard*, les deux latéraux, les *ailes*, les deux inférieurs la *carène*. Etamines 10, monadelphes ou diadelphes ou libres. Gousse de formes diverses ; 2° *Cassiées*, à corolle presque régulière ; 3° *Mimosées*, corolle régulière. — Genres principaux : Luzerne, Trèfle, Mélilot, Haricot, Fève, Gesse, Sainfoin, Pois, etc.

C. F. Astragale (*Astragalus*). Genres et espèces nombreux. — *a*. Rameau, feuille pennée, épi de fleurs non écloses ; *b*. Fleur isolée, calice, corolle, étendard couché sur la carène ; *c*. Etamines monadelphes ; *d*. Pistil ; *e*. Gousse.

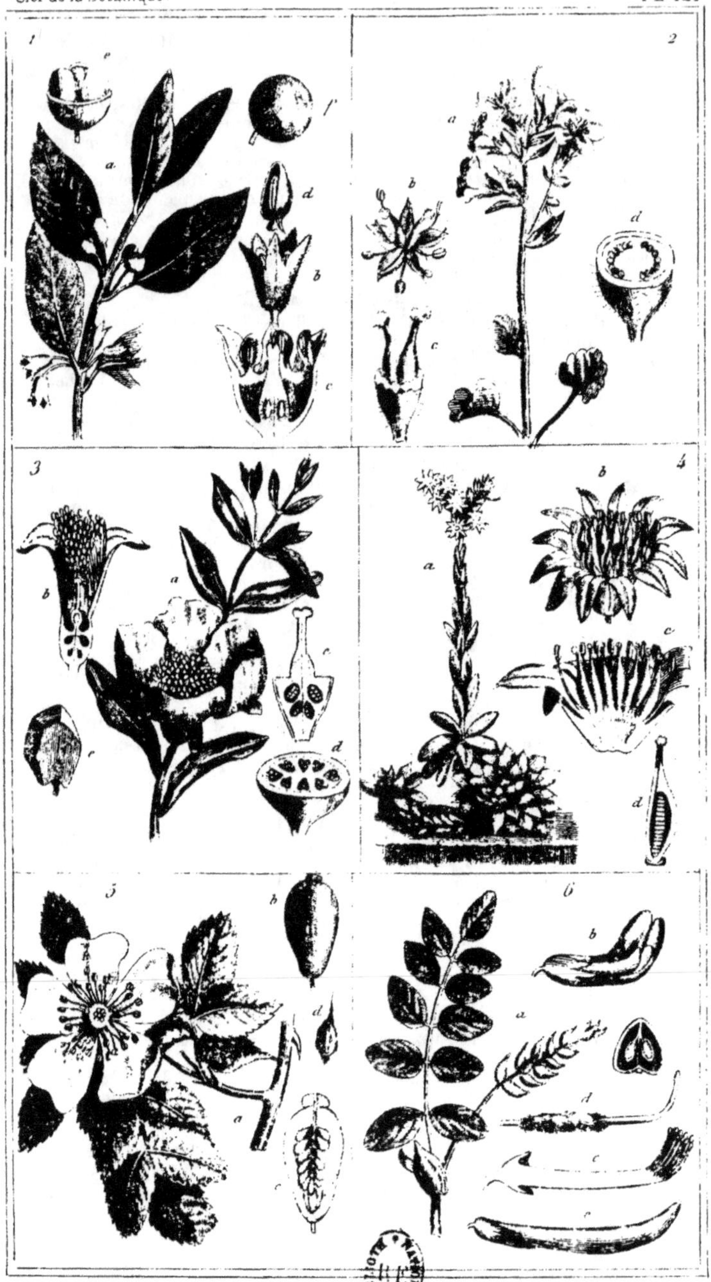

1. Rhamnées. 2. Saxifragées. 3. Myrtacées.
4. Crassulacées. 5. Rosacées. 6. Légumineuses.

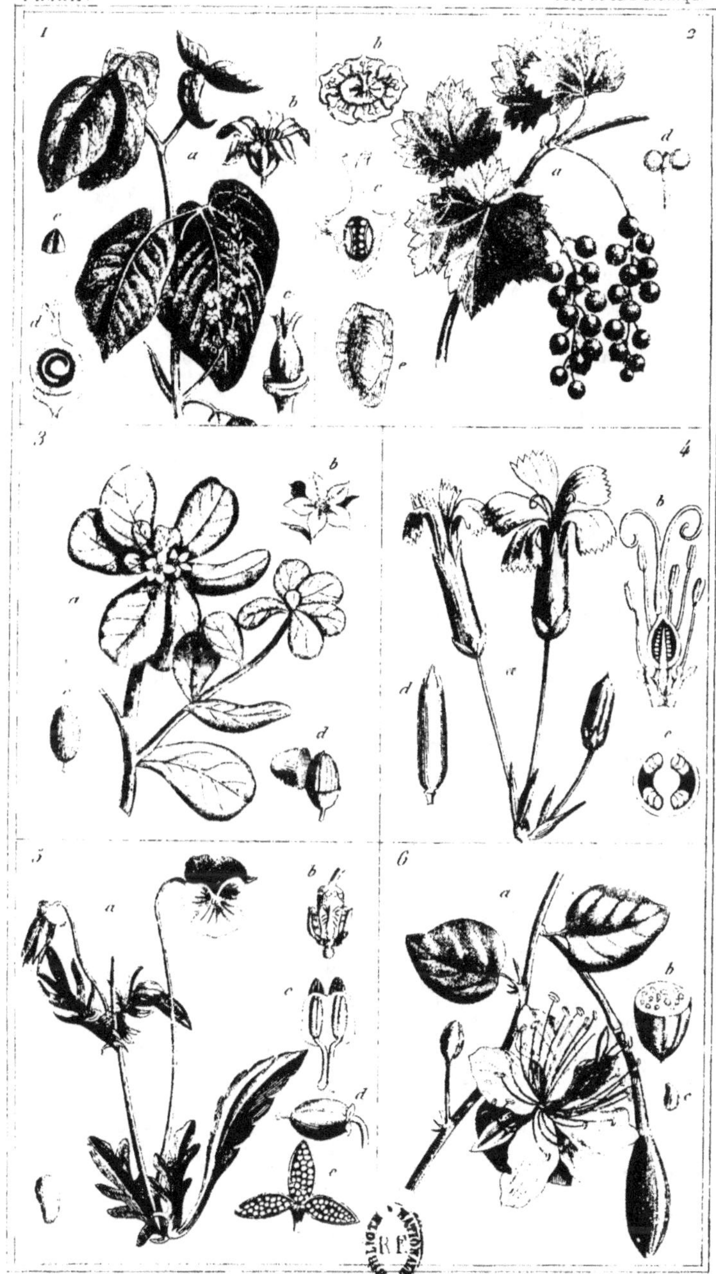

1. *Térébinthacées.*   2. *Ribésiacées.*   3. *Portulacées.*
4. *Dianthacées.*   5. *Violariées.*   6. *Capparidées.*

FAMILLES VÉGÉTALES. — Dicotylédones Polypétales (*Suite*).

Térébinthacées (Case 1)

C. G. Plantes à suc résineux. Fleurs hermaphrodites ou monoïques, en grappes. Calice monosépale, à trois ou cinq divisions. Corolle à trois ou cinq pétales. Etamines 6 ou 10. Ovaire à un ou trois carpelles, pistil unique, style, stigmate simples. Drupe contenant une ou plusieurs nucules. Genres principaux : Sumac, Cactus, Passiflore, Coloquinte, etc. Exotiques.

C. F. Sumac vénéneux (*Rhus toxicodendrum*). — *a*. Arbrisseau à fleurs dioïques en grappes axillaires ; *b*. Fleur mâle ; *c*. Pistil par trois carpelles ; *d*. Coupe longitudinale d'un carpelle ; *e*. Graine.

Ribésiacées (Case 2)

C. G. Arbrisseaux buissonneux. Feuilles souvent garnies d'aiguillons. Fleurs très petites, en épis ou grappes. Calice à cinq divisions pétaloïdes. Corolle à cinq sépales extrêmement petits. Etamines 5, insérées à la base du calice épigyne. Ovaire infère. Baie globuleuse polysperme. Un genre, *Ribes*. (Le *R. grossularia* est épineux.)

C. F. Groseiller rouge (*Ribes rubrum*). — *a*. Rameau sans épines ; *b*. Fleur entière grossie ; *c*. Coupe longitudinale de l'ovaire ; *d*. Etamine ; *e*. Graine entière.

Portulacées (Case 3)

C. G. Herbacées. Feuilles épaisses, féculentes. Calice à divisions variables en nombre. Corolle à quatre ou cinq pétales soudés à la base. Etamines 4 à 15. Ovaire libre, supère. Capsule à plusieurs loges ; pyxide s'ouvrant en deux valves superposées.

C. F. Pourpier cultivé (*Portulaca*). — *a*. Rameaux (couchés sur terre, puis redressés) ; *b*. Fleur détachée, au centre le trophosperme dans l'ovaire ; *c*. Fruit ; *d*. Capsule s'ouvrant en boîte à savonnette (Pyxide). Annuel.

Dianthacées ou Caryophyllées (Case 4)

C. G. Herbacées. Feuilles opposées sessiles. Fleurs en bouquets terminaux. Calice à cinq sépales soudés, formant un long tuyau muni d'un calice à la base. Corolle à cinq pétales à long onglet, dentés ou frangés. Etamines 5 ou 10. Ovaire à deux ou trois carpelles soudés, dysque hypogyne. Capsule à une ou plusieurs loges. — Genres : Œillet, Saponaire, Silène, Nielle, Croix de Jérusalem, etc.

C. F. Œillet (*Dianthus caryophyllus*). — *a*. Fleur, bouton ; *b*. Coupe longitudinale (fleur, ovaire, pistil, étamines étant ménagées) ; *c*. Coupe de l'ovaire ; *d*. Capsule s'ouvrant par le sommet.

Violariées (Case 5)

C. G. Herbacées. Calice à cinq sépales. Corolle irrégulière à cinq pétales inégaux, dont l'inférieur se termine quelquefois à sa base par un éperon. Etamine 5, à filets très courts, anthères contiguës formant un cône qui recouvre le pistil et dont une partie s'enfonce dans le pétale inférieur. Ovaire supère, style terminé par le stigmate simple ou concave. Calice recouvert par le calice. Un genre ; deux espèces, basées sur la déviation des pétales.

C. F. Pensée sauvage (*Viola tricolor*). — *a*. Plante ; *b*. Etamine recouvrant le pistil ; *c*. Etamine correspondant au pétale ou éperon ; *d*. Fruit capsulaire ; *e*. Capsule trivalve ouverte avec ses graines.

Capparidées (Case 6)

C. G. Arbustes sarmenteux. Calice irrégulier à quatre sépales. Corolle à quatre pétales onguiculés. Etamines nombreuses, filets grêles, allongés. Ovaire uniloculaire, style simple ou divisé, stigmate à autant de divisions qu'il y en a au style. Baie charnue. — Seul genre.

C. F. Câprier (*Capparis spinosa*). — *a*. Plusieurs fleurs hermaphrodites, bouton floral (câpre) ; *b*. Fruit à long pédicule ; *c*. Graine, forme olivaire.

FAMILLES VÉGÉTALES. — Dicotylédones Polypétales (*Suite*).

Crucifères (Case 1)

C. G. Herbacées. Fleurs petites, en grappes, 4 sépales distincts, caducs, quatre pétales alternes, unguiculés. Etamines tétradynames, hypogynes, insérées sur réceptacle. Ovaire, forme variée, deux carpelles unispermes, stigmates 1 ou 2, *divergents*. Silique ou silicule. — Principaux genres : Cresson, Choux, Radis, Cochléaria, Pastel, Moutarde, etc. Excitants.

C. F. Sisymbre Sophie (*Sisymbrium*). — *a*. Tige, fleurs et siliques ; *b*. Fleur hermaphrodite complète ; *c*. Pistil, plus court que les étamines, stigmate capité ; *d*. silique pubescente a deux valves.

Papavéracées (Case 2)

C. G. Herbacées. Fleurs grandes. Calice à deux sépales concaves, caducs. Corolle à deux pétales plissés avant épanouissement. Etamines nombreuses, pluri-sériées, filaments grêles. Ovaire ovoïde libre ; stigmates 2 ou nombreux, sessiles et soudés sur plateau surmontant l'ovaire. Capsule ovoïde, polysperme ; graines petites. Deux genres. Suc laiteux. Acreté dans la graine. — Hypnotiques, narcotiques.

C. F. Pavot-coquelicot (*Papaver rehas*). — *a*. Tige hérissée, fleur rouge renfermée dans le calice poilu ; *b*. Anthère à deux loges ; *c*. Capsule s'ouvrant par trous placés au dessous des stigmates qui la couronnent ; *d*. Coupe du fruit, dix-douze trophospermes chargés de graines ; *e*. Graines réniformes.

Fumariacées (Case 3)

C. G. Herbacées à suc amer. Feuilles décomposées. Fleurs irrégulières, cinq sépales dentés, quatre pétales, dont le supérieur, petit, est prolongé en éperon. Etamines diadelphes. Ovaire libre, deux carpelles. Akène. — Deux genres : *Fumaria* et *Corydalis*, dépuratifs.

C. F. Fumeterre (*Fumaria officinalis*). — *a*. Grappe ; *b*. Etamines diadelphes, style ; *c*. Ovaire ; *d*. Intérieur d'un carpelle ; *e* Capsule bivalve polysperme.

Nymphéacées (Case 4)

C. G. Herbacées à rhizome souterrain. Feuilles radic. très grandes, formant plateau. Fleurs très grandes, long pédoncule, quatre ou cinq sépales, pétales nombreux sur plusieurs rangs concentrés, se transformant en étamines. Ovaire adhérent au calice, stigmates sessiles, formant disque, qui couronne l'ovaire. Le célèbre *Lotos* de l'antiquité est rapporté au genre *nymphæa*.

C. F. Nénuphar blanc (*Nymphæa*). — *a*. Fleur ; *b*. Etamines nombreuses, dont les extrémités se sont transformées en pétales, disque de stigmates ; *c*. Coupe de l'ovaire e long ; *d*. Coupe du fruit en travers, douze loges polyspermes.

Renonculacées (Case 5)

C. G. Herbacées. Fleurs à périanthe simple ou double. Calice polysépale coloré, non persistant. Corolle 5 ou 6, ou plus, pétales de formes très variées. Etamines très nombreuses, insérées au-dessous des carpelles, ceux-ci réunis en forme de tête au centre de la fleur, ou solitaires, ou quelquefois soudés : style toujours latéral. Petits akènes, disposés en capitules ou capsules uniloculaires, agrégées ou non. — Genres : Anémone, Clématite, Pivoine, Ellébore, Aconit. Plantes âcres.

C. F. Renoncule bulbe (*Ranonculus*). *a*. Tiges à fleurs terminales ; *b*. Etamines, au centre renflement des carpelles ; *c*. Capitule des carpelles coupé en long ; *d*. Akènes formant capitule. Genres nombreux, âcres, vénéneux.

Magnoliacées (Case 6)

C. G. Arbres. Fleurs grandes, à odeur suave. 3-27 pétales sériés. Etamines très nombreuses, fixées à un réceptacle. Carpelles nombreux style à peine distinct. — Deux genres : Tulipier, Badiane.

C. F. Tulipier. Arbre exotique. — *a*. Tige, fleur ; *b*. Etamines pluri-sériées ; *c*. Etamine isolée ; *d*. Carpelles agrégés en cône imbriqué ; *e*. Carpelle biovulaire grossi.

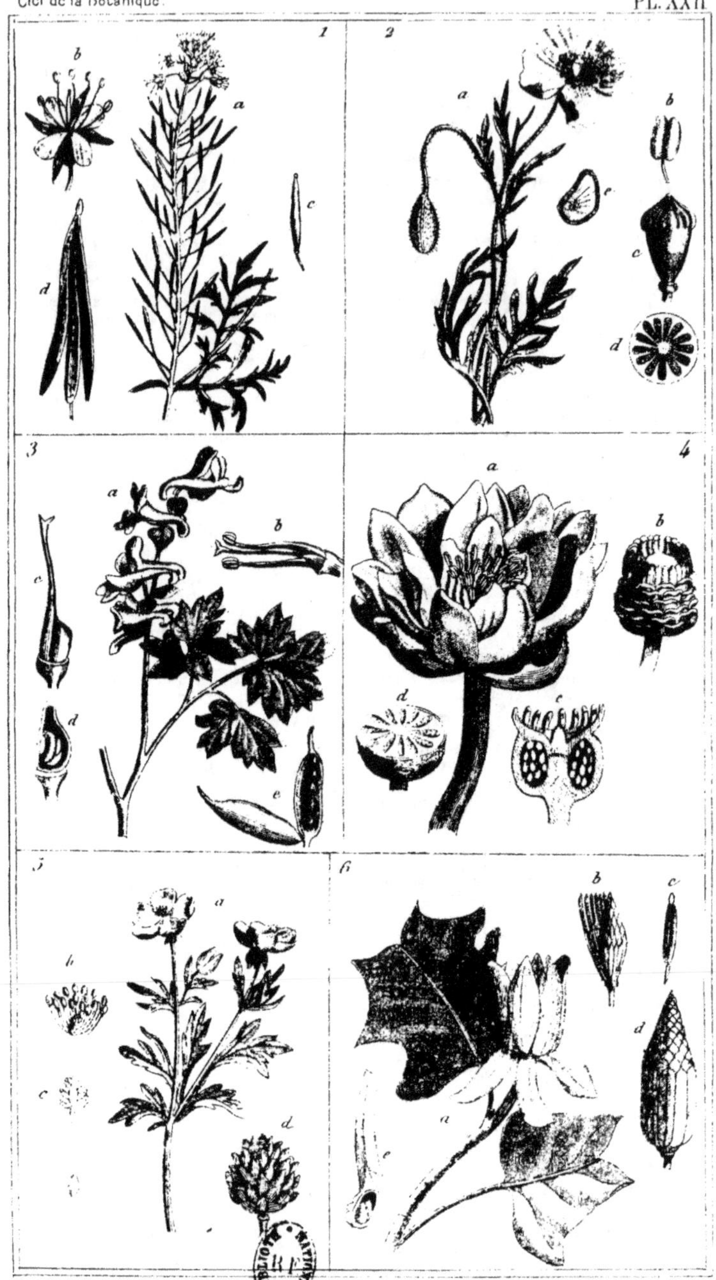

1. Crucifères   2. Papavéracées   3. Fumariacées
4. Ménispéacées   5. Renonculacées   6. Magnoliacées

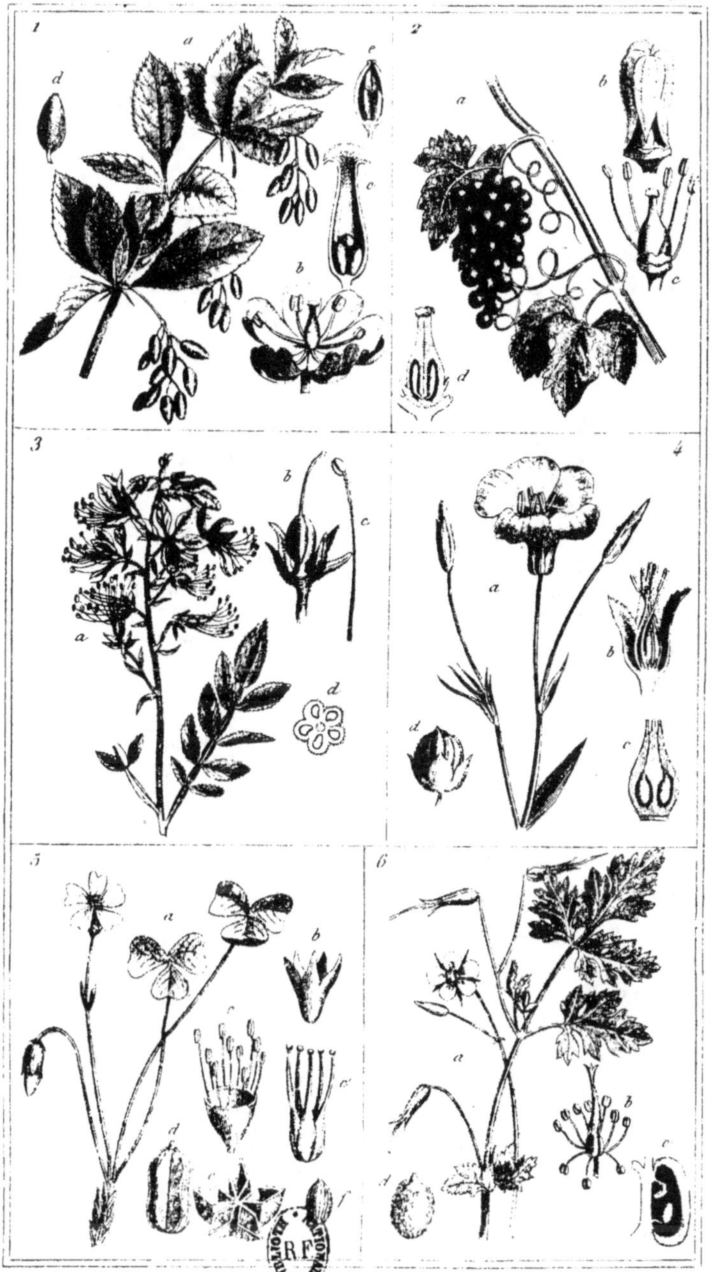

1. Berbéridées   2. Vitacées   3. Rutacées
4. Linées   5. Araliacées   6. Géraniacées

FAMILLES VÉGÉTALES. — Dicotylédones Polypétales (*Suite*).

Berbéridées (Case 1)

C. G. Arbres épineux. Feuilles alternes. Fleurs petites en épis ou grappes, sépales 3, 6, 9, caducs ; pétales, nombre égal ou double. Etamines 6, anthères à deux valves, se roulant de la base au sommet. Baies à suc aigrelet, rafraîchissant.

C. F. Epine-vinette (*Berberis*). *Vinettier*. — *a*. Rameau chargé de baies en grappe ; *b*. Fleur ; Calice a six divisions, corolle à six pétales hypog., étamines 6 opposées ; *c*. Coupe longitudinale du pistil, ovaire triloculaire ; *d*. Baie allongée ; *e*. Intérieur du fruit.

Vitacées (Case 2)

C. G. Plantes sarmenteuses à vrilles. Fleurs très petites, verdâtres. Calice très court, cinq dents. Pétales sessiles, soudés par la partie supérieure, se rabattant en capuchon. Un seul genre, très nombreuses variétés.

C. F. Vigne (*Vitis vinifera*). — *a*. Rameau sarmenteux, grappe de raisin ; *b*. Fleur grossie, sépales très petits, cupuliformes, corolle à cinq pétales, libres en bas, réunis en haut et rabattus, recouvrant comme une coiffe les organes sexuels ; *c*. Pistil, étamine sur disque ; *d*. Coupe longitudinale de l'ovaire, stigmate court.

Rutacées (Case 3)

C. G. Plantes glandulifères. Fleurs hermaphrodites (Rue), unisexuées (Simarouba). Calice à quatre ou cinq sépales. Corolle à cinq pétales. Etamines 8-10 attachées au disque hypogyne, qui élève l'ovaire *gynobasique*. Pistil à trois ou cinq loges. Fruit globuleux à trois ou cinq côtes. — Genres : Rue, Dictame, Gaïac, Quassie, Casparie, Simarouba.

C. F. Dictame-Fraxinelle (*Fraxinus albus*). — *a*. Sommité, fleurs rouges ; *b*. ovaire, calice à divisions étalées, style simple ; *c*. Etamine ; *d*. Coupe transversale de l'ovaire à cinq loges.

Linacées (Case 4)

C. G. Herbacées. Fleurs régulières bleues. Calice à quatre ou cinq sépales. Corolle à quatre ou cinq pétales obovales, caducs. Ovaire à cinq loges. Capsule globuleuse à cinq valves. — Genres : Lin, Radiole.

C. F. Lin (*Linum*). — *a*. Rameau à fleur terminale ouverte, deux boutons ; *b*. Coupe d'une fleur, dont manque la corolle, montrant étamines monadelphes, pistil au centre ; *c*. Coupe du pistil ; *d*. Capsule de déhiscence septicide, environnée du calice.

Oxalidées (Case 5)

C. G. Sous-arbrisseaux ; cinq sépales égaux, persistants ; cinq pétales. Etamines 10, simulant corps monadelphe. — Genre unique :

C. F. Surelle (*Oxalis acetocella*). — *a*. Plante ; *b*. Calice dont sépales soudés entre eux ; *c*. Etamines 10, dont 5 plus grandes, filets réunis à la partie inférieure ; *c'*. Carpelles 5, stigmate capité formant ovaire ; *d*. Capsule à cinq loges ; *e*. Coupe de la caps. ; *f*. Graine

Géraniacées (Case 6)

C. G. Herbacées. Feuilles palmatilobées. Calice à cinq sépales, soudés en bas et prolongés à la base en éperon creux. Corolle formée de cinq pétales. Etamines de 5 à 10, à filets libres ou soudés (monadelphes par la base) ou anthérifères, ou nus. Ovaire libre, à trois ou cinq côtes saillantes, style long, simple, terminé par trois ou cinq stigmates linéaires divergents. Capsule à trois ou cinq coques réunies par un axe central et qui, à la maturité, se séparent les unes des autres, de bas en haut, entraînant quelquefois une partie de leur axe et du style, lequel forme au sommet une pointe longue. — Genres : Géranium, Capucine.

C. F. Géranium (*Herbe à Robert. Bec de Grue*). — *a*. La plante sauvage velue ; *b*. Organes sexuels, ovaire à cinq carpelles, dix étamines ; *c*. Coupe longitudinale de l'ovaire ; *d*. Fruit globuleux à cinq coques, à surface chagrinée.

FAMILLES VÉGÉTALES. — Dicotylédones Polypétales (*Suite*).

Acéracées (Case 1)

C. G. Arbres. Fleurs polygames, souvent unisexuées, en corymbe, sépales sur cinq disques épais ; pétales cinq, contournant le disque. Étamines 5-12, ordinairement 8, soudées au disque. Ovaire libre, sessile, stigmate bilobé. Samare à deux ailes. La sève des genres exotiques contient du sucre.

C. F. Erable (*Acer*). — *a*. Fleur hermaphrodite, sans le calice ; *b*. Fleur et son pistil ; *c*. Coupe longitudinale du pistil ; *d*. Samare, fruit ailé.

Æsculacées (Case 2)

C. G. Arbres. Fleurs en grappe. Calice tubuleux. Corolle à quatre pétales, insérée sur disque hypogyne. Étamines 7, déclinées. Ovaire globuleux à trois loges ; style simple, stigmate à peine trilobé. Capsule à une, deux ou trois loges, trivalvaire. — Genre unique : Marronnier. Ecorce riche en tanin.

C. F. Marronnier d'Inde (*Æsculus*). — *a*. Fleur entière, étamines et fleurs distinctes; *b*. Coupe transversale de l'ovaire, graine avec le hile à tache blanche ; *c*. Coupe longitudinale du carpelle, montrant les embryons.

Polygalées (Case 3)

C. G. Tiges touffues. Feuilles linéaires. Fleurs irrégulières, cinq sépales inégaux, dont trois extérieurs, petits, deux inférieurs (ailes), plus amples ; trois pétales inégaux, soudés au tube corollin et dont l'interne, concave (carène), renferme les huit étamines à filets adhérentes aux pétales. Ovaire libre. Capsule à déhiscence loculicide. — Genres exotiques, sauf Polygala.

C. F. Polygala (*Polygala amara*). — *a*. Tige fleurie ; *b*. Fleur isolée ; *c*. Un pétale ; *d*. Coupe superficielle de la corolle, on voit l'extrémité des étamines. — *e*. Graine.

Tiliacées (Case 4)

C. G. Arbres, arbrisseaux. Fleurs corymbe, pédoncule floral soudé à une bractée membr. Sépales pétaloïdes ; carpelles à cinq stigmates chacun. Étamines en nombre indéfini. Fruit indéhiscent à cinq angles. — Tilleul seul genre. Fleurs anti-spasmodiques.

C. F. Tilleul (*Tilia*). — *a*. Rameau, corymbe de fleurs et de fruits, pédicule floral soudé à une bractée ; *b*. Fleur complète ; *c*. Fruit à six angles.

Malvacées (Case 5)

C. G. Herbacées velues. Feuilles alternes. Calice à cinq sépales. Corolle à cinq pétales soudés par l'onglet, préfloraison contournée. Étamines en nombre indéfini, hypogynes, filets soudés en tube, recouvrant l'ovaire, libres à leur partie supérieure. Ovaire libre ; carpelles nombreux ; styles soudés en colonne. Fruit, carpelles disposés circulairement ou en anneau. — Genres : Mauve, Guimauve, Cotonnier. Adoucissantes, émollientes.

C. F. Rose trémière (*Altœa rosacea*). — Branche à fleurs ; *b* Coupe longitudinale de la fleur, styles en colonne stigmatée et étamines soudées ; *c*. Ovaire carpellaire à fruit. Cacaotier.

Hypéricacées (Case 6)

C. G. Herbacées. Feuilles marqués de points résineux. Calice à cinq sépales, corolle à cinq pétales. Étamines en nombre indéfini, filets réunis à la base en trois ou cinq faisceaux. Fruit capsulaire. — Seul genre : Millepertuis.

C. F. Millepertuis (*Hypericum perforatum*). — *a*. Rameau fleuri; *b*. Ovaire à trois styles ; *c*. Coupe transversale de l'ovaire ; *d*. Capsule trivalve.

Aurantiacées-Citracées (Case 7)

C. G. Arbres, arbrisseaux. Feuilles toujours vertes, à glandules remplies d'essence. Sépales trois ou cinq, trois ou cinq pétales élargis. Étamines nombreuses autour du disque hypogyne, filets libres ou polyadelphes. Baie coriace à l'extérieur, charnue à l'intérieur.

C. F. Oranger (*Citrus aurantium*). — Rameau florifère, fleur épanouie, étamines polyadelphes ; *b*. Ovaire, style, stigmate ; *c*. Coupe longitudinale de l'ovaire ; *d*. Coupe médiane du fruit.

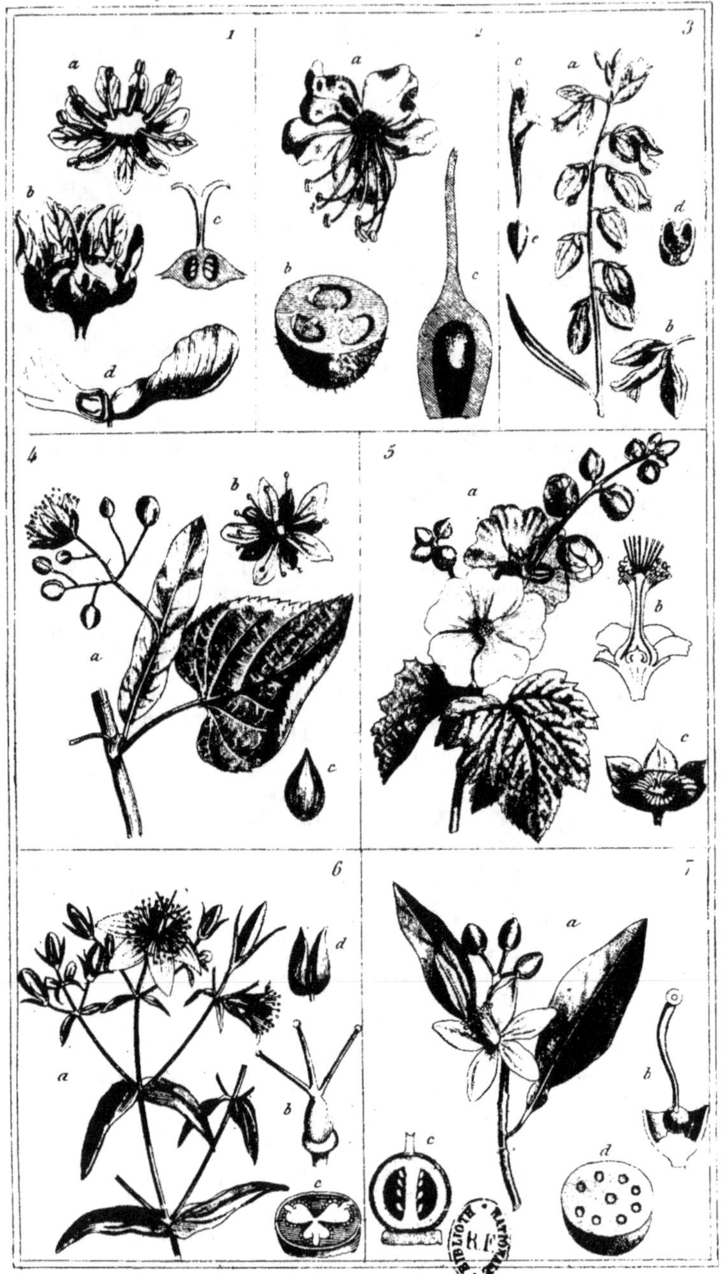

1. *Acéracées*   2. *Æsculacées*   3. *Polygalées*   4. *Tiliacées*
5. *Malvacées*   6. *Hypéricacées*   7. *Aurantiacées-Citracées.*

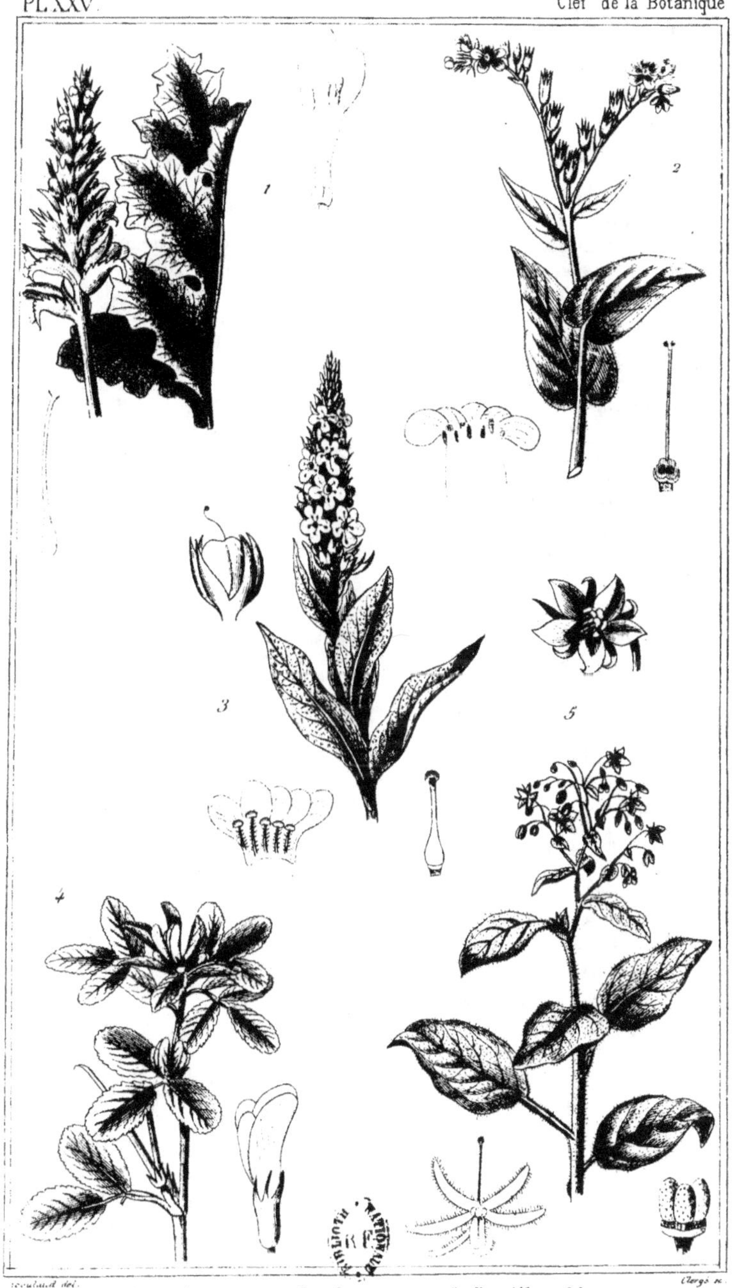

1. Acanthe   2. Buglosse   3. Bouillon blanc
4. Trigonelle   5. Bourrache

PLANTES INDIGÈNES.   Pl. XXV.

1. Acanthe. *Acanthus mollis.* (ACANTHACÉES.) Plante vivace. Tige simple. Feuilles grandes, pinnatifides. Fleurs *blanches*, grandes, comme personnées, en épi terminal. Calice formé de deux ou trois bractées qui accompagnent chaque fleur. Corolle irrégulière, comme bilabiée. Étamines didynames. Ovaire sur disque hypogyne, style long, stigmate bilamellé. — Provinces méridionales. — Feuilles émollientes. — L'art de la sculpture l'a prise pour modèle.

2. Buglosse. *Anchusa.* (BORRAGINÉES.) Arbuste bisannuel. Tige dressée, rameuse, hérissée. Feuilles alternes, ovales, aiguës. Fleurs *bleues*, en grappe scorpioïde. Calice à cinq divisions lancéolées, dressées. Corolle monopétale, tubuleuse-cylindrique; limbe à divisions obtuses, égales entre elles; elle est garnie de cinq appendices saillants. Étamines 5, cachées par les appendices. Commune; fourragère. — Fleurs émollientes, ses fleurs en infusion sont pectorales.

3. Bouillon blanc. Molène. *Verbascum.* (SCROFULARIÉES.) Herbacée bisannuelle. Tige simple, cotonneuse. Feuilles grandes, ovales, entières, décurrentes, blanchâtres. Fleurs *jaunes*, en longues grappes terminales. Calice tomenteux à cinq divisions aiguës. Corolle monopétale, rotacée, à tube court, lobes arrondis et inégaux. Étamines 5, dont les filets sont couverts de poils blancs. Ovaire cotonneux, ovoïde, à deux loges; style dépassant les étamines. Capsule bivalve. — Commun. — Fleurs adoucissantes, pectorales, en infusion.

4. Trigonelle. *Trigonella.* (LÉGUMINEUSES.) Herbacée annuelle. Fleurs axillaires, *jaunes*, géminées. Calice velu, tubuleux, à cinq dents linéaires. Corolle monopétale comprimée, à ailes rapprochées. — Midi de la France. — Les graines, en décoction, sont émollientes. On en retire un principe colorant jaune. A l'état sec, la plante a une odeur forte.

5. Bourrache. *Borrago officinalis.* (BORRAGINÉES.) Herbacée annuelle, couverte de poils rudes. Tige dressée, charnue, simple en bas, rameuse en haut. Feuilles grandes, alternes, ridées, velues, les caulinaires sessiles. Fleurs *bleues*, en panicule terminale lâche. Calice 5-fide, étalé. Corolle monopétale à cinq divisions profondes, gorge munie d'écailles saillantes. Étamines rapprochées les unes des autres, formant une espèce de cône aigu, et dont les filets épais atteignent le milieu de la hauteur des anthères. Ovaire supère, quadrilobé. Akènes 4. — Lieux cultivés. Feuilles et fleurs adoucissantes. Les fleurs, en infusion, sont sudorifiques.

PLANTES INDIGÈNES.   Pl. XXVI.

1. Gremil. *Lithospermum.* (Borraginées.) Plante annuelle, appartenant au genre Buglosse. Feuilles alternes, velues. Fleurs *blanches*, axillaires, solitaires. Corolle monopétale à cinq lobes. Étamines 5, attachées au tube corollin. — Graines petites, dures. Furent jadis conseillées contre la gravelle. — L'écorce de la racine, violette de couleur (*Orcanette*), est employée par les teinturiers.

2. Guimauve. *Althæa officinalis.* (Malvacées). Herbacée. Racine charnue, pivotante. Tige tomenteuse, dressée. Feuilles alternes, pétiolées, douces au toucher. Fleurs *rose pâle*. Calice à cinq divisions. Corolle à cinq pétales cordiformes. Étamines monadelphes, anthères pourpres. Pistil au centre et stigmates sétacés. Fruit orbiculaire, déprimé, à côtes carpellaires qui deviennent de petites capsules monospermes. — Champs cultivés. — La racine (décoction) charnue, mucilag., est émolliente contre les inflammations. (La fig. de droite représente le corps monadelphe; celle de gauche une sorte de pinceau formé par les stigmates.)

3. Mélilot. *Trifolium melilotus.* (Légumineuses.) Herbacée annuelle. Tige dressée. Feuilles trifoliées, pétiolées. Fleurs petites, *jaunes*, en grappes. Calice à cinq dents. Corolle papilionacée (fig. de gauche); carène plus longue que les ailes. Étamines 10, diadelphes (fig. de droite). Fruit : gousse saillante hors du calice persistant. — Prés, bois, haies. — Sommités fleuries, en infusion, comme léger résolutif. — *Eau distillée* en collyre.

4. Bon-Henri. (Famille des Chénopodiacées.) Vulgairement épinard sauvage. Genre *Ansérine*, ressemblant à l'épinard ; vivace. Fleurs très petites, en glomérules *verdâtres*, formant une sorte d'épi. — Très commun partout. Peut se manger. — Jadis vanté contre la goutte.

5. Plantain psyllium. *Plantago psyll.* (Plantaginées.) Diffère du grand plantain (*plantago major*) par ses épis non environnés de bractées à la base, et par ses feuilles un peu denticulées ; toutes ses parties étant d'ailleurs plus ou moins pubescentes. — Les graines contiennent une forte quantité de mucilage, usité pour apprêter les étoffes.

1. Grémil   2. Guimauve   3. Mélilot   4. Bon-Henri
5. Plantain psyllium

1. Mouron   2. Nummulaire   3. Orchis mâle
4. Sagittaire   5. Scorpione

PLANTES INDIGÈNES.   Pl. XXVII.

1. Mouron des oiseaux. *Alsine media.* (CARYOPHYL-
LÉES.) Vulgairement *Morgeline*. Herbacée annuelle. Tiges carrées.
Feuilles entières, opposées. Fleurs *blanches*. Calice à cinq sépales.
Corolle à cinq pétales. Pistil central (fig. de droite); pyxide s'ou-
vrant en boîte à savonnette (fig. de gauche). — Commune; pied des
murs, etc. — Catapl. émollient. — Graines nourriture des serins.
   Ne pas confondre cette espèce avec l'*Anagallis arvensis* (Primu-
lacées) à fleurs *rouges*, qui est toxique pour les oiseaux.

2. Nummulaire. *Monnoyère. Lysimachia.* (PRIMULACÉES.)
Herbe à cent maux. Vivace. Feuilles opposées, entières. Fleurs
jaunes, grandes, axillaires, solitaires. Sépales 5, ovales-aigus ;
pétales 5. Étamines 5, à filets soudés à la base. Ovaire dont le
style dépasse les étamines. Capsule à dix valves, enveloppée par le
calice. — Prairies, bois humides. — Résolutif à l'extérieur.

3. Orchis mâle. *Orchis mascula.* (ORCHIDACÉES). Herbacée
vivace. Racine munie de deux tubercules féculents. Feuilles lancéolées, tachées de noir. Fleurs purpurines, irrégulières, en épi
terminal. Pétales 6, dont trois externes servant de calice, deux
internes, longs, unis en voûte, l'inférieur en lèvre pendante
appelée *labelle*. Étamines formant *gynostème* par soudure des
styles et des filets. — Bois. — En Orient les espèces donnent le
meilleur salep, considéré comme un analeptique puissant, à cause
de la ressemblance des tubercules avec les testicules humains.

4. Sagittaire, Fléchière. *Sagittaria.* (ALISMACÉES.) Herbacée vivace. Racine à tubercule farineux. Tige (hampe) dressée.
Fleurs monoïques, les mâles au-dessus des femelles. — Terres
humides, bords des eaux. — Les racines sont alimentaires pour les
Kalmouks du Volga.

5. Scorpione. *Myosotis scorpioïde.* (BORRAGINÉES). Herbacée
vivace. Feuilles alternes. Fleurs petites, *bleues*. Calice à limbe
5-fide. Corolle monopétale à cinq lobes, gorge bordée de cinq
appendices écailleux. Étamines 5, incluses. Pistil quadrangulaire.
— Le myosotis est détersif, rafraîchissant, astringent ; sa racine,
en décoction, serait bonne, suivant Lemery, contre la fistule
lacrymale.

1. Ansérine anthelmintique. *Chenopodium anthel-minticum* (CHÉNOPODIACÉES.) Herbacée. Tige annuelle, droite, striée. Feuilles alternes, ovales-oblongues, dentées. Fleurs herma-phrodites, petites, *verdâtres*, en grappes axillaires le long des rameaux. (Fig. une fleur grossie.) — Originaire de l'Amérique. Cultivée en France. — Odeur forte. Graines vermifuges.

2. Aigremoine. *Agrimonia cupatoria.* (ROSACÉES.) Herbacée vivace. Tige dressée, poilue. Feuilles alternes, ovales-oblongues, pennées à folioles dentées. Fleurs *jaunes*, petites, en grappes pé-donculées. Calice à cinq divisions garnies de filaments en dehors, à la base du limbe à cinq pétales étalés. Étamines 18-20, filets libres. Ovaire arrondi ; style latéral, stigmate très petit. Akènes un ou deux dans le calice persistant — Commun. Champs, prai-ries. — Saveur amère ; odeur aromatique faible. —Tonique, astrin-gent ; maux de gorge (décoct.).

3. Bugle. *Ajuga reptans.* (LABIÉES.) Herbacée vivace. Des racines fibreuses, à rejets couchés (stolons). Tige carrée, droite. Feuilles opposées, sessiles, les inférieures larges, en rosette. Fleurs *bleues*, en glomérules rapprochés ; feuilles florales en haut de la tige. Calice à cinq dents. Corolle monopétale tubu-leuse, dont la lèvre supérieure manque, l'inférieure trilobée. Étamines 4, didynames. Graines situées au fond du calice. — Champs, bois, taillis. — Vulnéraire délaissé, malgré son antique réputation.

4. Benoite. *Geum urbanum.* (ROSACÉES.) Herbacée vivace. Tiges grèles, rameuses. Racine assez grosse, odorante. Feuilles alternes, les rad. à cinq lobes, simples en haut. Fleurs *jaunes* ; cinq pétales arrondis ouverts. Étamines 30 environ. Carpelles nombreux, formant un capitule serré au fond de la fleur et insé-rés sur un *gynophore* globuleux. Petits akènes terminés par une longue pointe crochue. — Commune partout ; bon fourrage. — Racine amère, acerbe. — Tonique astringent.

5. Bistorte. *Polygonum bistorta.* (POLYGONÉES.) Herbacée vivace. Racine épaisse, torse, grosseur du doigt. Tige fistuleuse, droite, noueuse, glabre. Feuilles ovales, lancéolées, les radicales à long pétiole engainant, les supérieures sessiles avec gaine. Fleurs petites, *roses*, formant épi ovoïde compact terminal, muni d'écailles sétacées entre les fleurs, qui sont très nombreuses. A chacune, calice 5-denté, corolle nulle. Étamines 8. Akène tenant au calice persistant. — Montagnes méridionales. Feuilles mangées en salade. — Bon astringent (racine) en décoction.

1. Ansérine anthelmintique   2. Aigremoine   3. Bugle
4. Benoîte   5. Bistorte

1. Busserole   2. Brunelle   3. Pied-d'Alouette
        4. Euphraise   5. Pervenche

PLANTES INDIGÈNES.   Pl. XXIX.

1. Busserole. *Arbousier. Arbutus uva ursi.* (ÉRICACÉES)
Arbuste. Tiges couchées, formant touffe. Feuilles ovales, entières,
luisantes, solides, rappelant celles du buis. Fleurs *blanches*, formant des sortes de capitules inclinés terminaux. Calice très petit,
cinq ou sept divisions. Corolle urcéolée, limbe à cinq divisions
réfléchies en dehors. Étamines 10, incluses, insérées à la base
de la corolle, plus courtes que le pistil. Ovaire globuleux. Baies
rouge foncé, grosseur d'un pois. — Alpes, Pyrénées. — Saveur
amère. — Diurétique. Maladies de la vessie.

2. Brunelle. *Brunella vulgaris.* (LABIÉES.) Herbacée vivace.
Tige simple, pubesc., rude, carrée. Feuilles opposées, ovales, pétiolées. Fleurs *bleuâtres*, en glomérules rapprochés en épi court.
Calice tubuleux à deux lèvres. Corolle bilabiée, à lèvre supérieure
entière, dentée, concave ; lèvre inférieure trilobée, penchée sur le
calice. Étamines 4, couchées sous la lèvre supérieure. Ovaire à
stigmate bifide. — Bois, prés. — Odeur et saveur peu marquées.
— Astringent et antiscorbutique faibles.

3. Pied-d'alouette. *Dauphinelle Consoude. Delphinium
consolida.* (RENONCULACÉE.) Herbacée annuelle. Tiges rameuses,
pubescentes, diffuses, décomposées en lanières étroites. Fleurs
bleues (blanches ou roses), irrégulières, en épi au haut de la tige.
(Voir à la famille, pl. XXII) Sépales inégaux, le supérieur prolongé en éperon creux à sa base ; les quatre pétales sont réunis,
soudés en un seul, se prolongeant en arrière en éperon plein. —
Cultivé. Saveur âcre des fleurs et graines, etc. — Plante irritante,
déchue de ses prétendues propriétés diverses.

4. Euphraise. *Euphrasia officinalis.* (SCROFULARIÉES.) Herbacée annuelle. Racines fibreuses. Tige rameuse. Feuilles petites,
ovales, dentées, sessiles. Fleurs purpurines, sessiles, axillaires,
rapprochées à la partie supérieure des tiges. Calice à quatre dents.
Corolle bilabiée, lèvre supérieure à peine bifide, lèvre inférieure à
trois lobes bilobés. Étamines 4, incluses. Ovaire à deux loges ;
style filiforme. — Pelouses sèches, bois (juillet-août). — Saveur
amère, odeur aromatique faible. — Réputation d'être bonne pour
les yeux (eau distillée), d'où le nom vulgaire de *casse-lunettes*.

5. Pervenche. *Vinca minor.* Petite pervenche. (APOCYNÉES.)
Sous-frutescente, vivace. Tiges sarmenteuses, glabres, les florifères plus courtes. Feuilles opposées, ovales, lancéolées, glabres,
luisantes, toujours vertes. Fleurs *bleues*, solitaires, axillaires sur
long pédoncule. Calice 5-fide. Corolle tubuleuse à cinq lobes tron-
qués, tube pentagonal au-dessus des cinq étamines, dont les anthères ferment la gorge. — Bois, lieux ombragés, humides. — Sans
odeur, sans saveur, à peine amère, et cependant réputée jadis vulnéraire et astringente. Célébrée par J.-J. Rousseau et Mme de
Sévigné pour ses vertus.

PLANTES INDIGÈNES. Pl. XXX.

1. Alchimille. *Alchemilla vulgaris.* (Rosacées.) Herbacée vivace. Racine grosse, chevelue, à moelle jaunâtre. Tiges nombreuses, grêles, un peu velues. Feuilles alternes, dentées, les radicales à pétiole long, 7- ou 9-lobées, les caulinaires à cinq lobes et comme argentées en dessous. Fleurs *verdâtres*, petites, en corymbe terminal. Calice à huit divisions, dont quatre intérieures constituant une sorte de corolle (fig. de gauche). Étamines 4, courtes (fig. de droite). Ovaire, style, stigmate. Akènes enfermés dans le calice. — Pâturages secs. Assez rare. — Sa décoction passait jadis pour réparer les outrages du temps.

2. Argentine, potentille. *Anserina.* (Rosacées.) Herbacée vivace. Racine longue, presque verticale. Feuilles formant rosette dès la racine, chacune à 15-25 folioles dentées, comme argentées en-dessous. Fleurs *jaunes*, paraissant deux fois en l'année, solitaires, à long pédoncule. Calice soyeux à dix folioles, dont cinq à l'extérieur du calice et cinq pour la corolle, à pétales arrondis, ouverts. Étamines nombreuses. Graines petites, dans leur calice respectif, sur le réceptacle commun. — Berges des rivières. — Astringent. Décoction des feuilles en lotions contre tâches de rousseur, etc.

3. Bourse-à-pasteur. *Thlaspi bursa pastoris.* (Crucifères.) Herbacée annuelle. Tige dressée. Feuilles pubescentes, radicules, en rosette, à lobes triangulaires, les supérieures entières, amplexicaules. Fleurs *blanches*, petites, corymbe terminal. Quatre sépales, quatre pétales en croix. Étamines 6 (fig. de gauche). Capsule triangulaire en cœur renversé (fig. de droite). — Très commun aux lieux incultes ou cultivés, etc. — Ni odeur, ni saveur ; pourtant fut vantée dans nombreuses maladies.

4. Garance. *Rubia tinctorum.* (Rubiacées.) Plante vivace herbacée. Racine longue, rampante, rougeâtre. Tige tétragone, noueuse, hérissée sur les angles. Feuilles lancéolées, verticillées par cinq, nervures hérissées. Fleurs *jaunâtres*, petites, en panicules axillaires terminales. Corolle rotacée, limbe à cinq dents aiguës, réfléchies. Étamines 5, attachées à la gorge corolline (fig. de gauche). Style bifide. — Cultivé en grand pour la racine, à cause de sa propriété tinctoriale. On se sert des tiges et des feuilles pour polir les métaux. L'herbe fraîche est un bon fourrage. — Aucun usage en médecine.

5. Pimprenelle. *Poterium sanguisorba.* (Rosacées.) Herbacée annuelle. Tige dressée, anguleuse. Feuilles imparipinnées ; 11-17 folioles arrondies, dentées, stipulées. Fleurs *rougeâtres*, réunies en tête, ordinairement polygames, les mâles à la partie supérieure ; sépales 4, pétales 4 (fig. de gauche), pistil à style plumeux (fig. de droite). — Prairies élevées, pâturages montagneux, bords des chemins. — Les feuilles sont diurétiques, vulnéraires. Appliquées sur les seins, elles activent la sécrétion du lait. Cultivée pour les bestiaux.

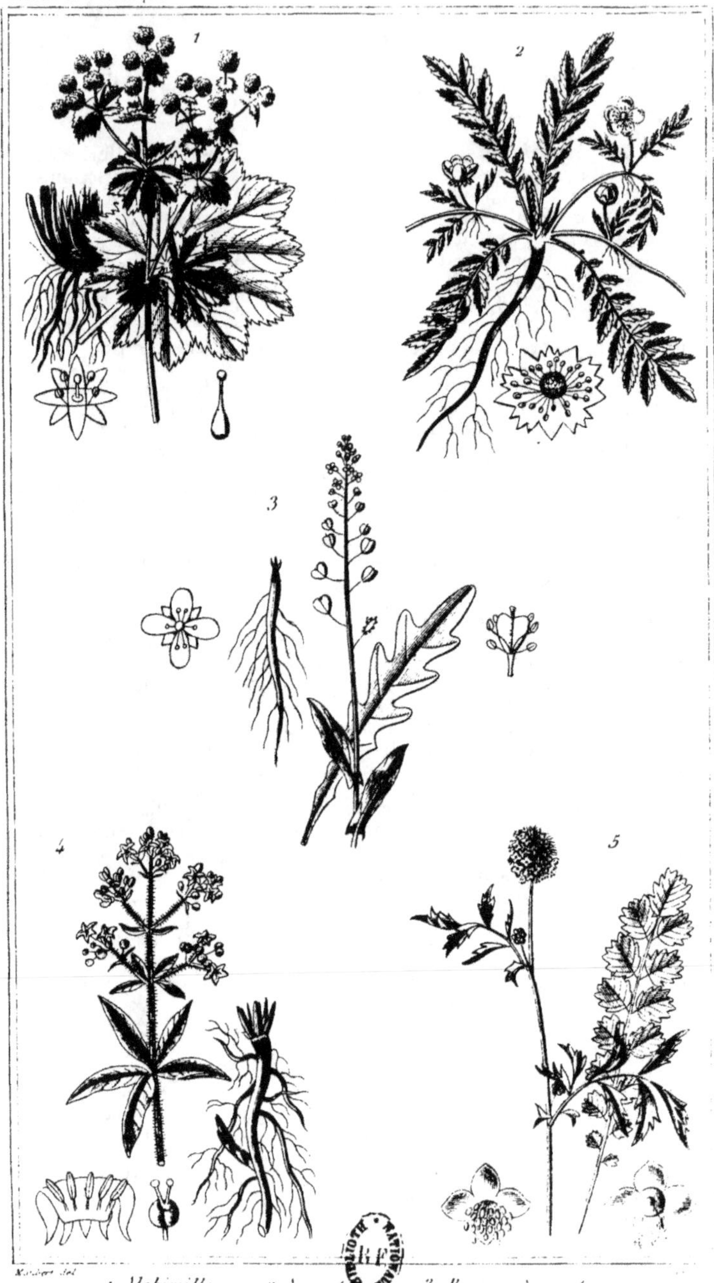

1. *Alchimille* 2. *Argentine* 3. *Bourse-à-pasteur*
4. *Garance* 5. *Pimprenelle*

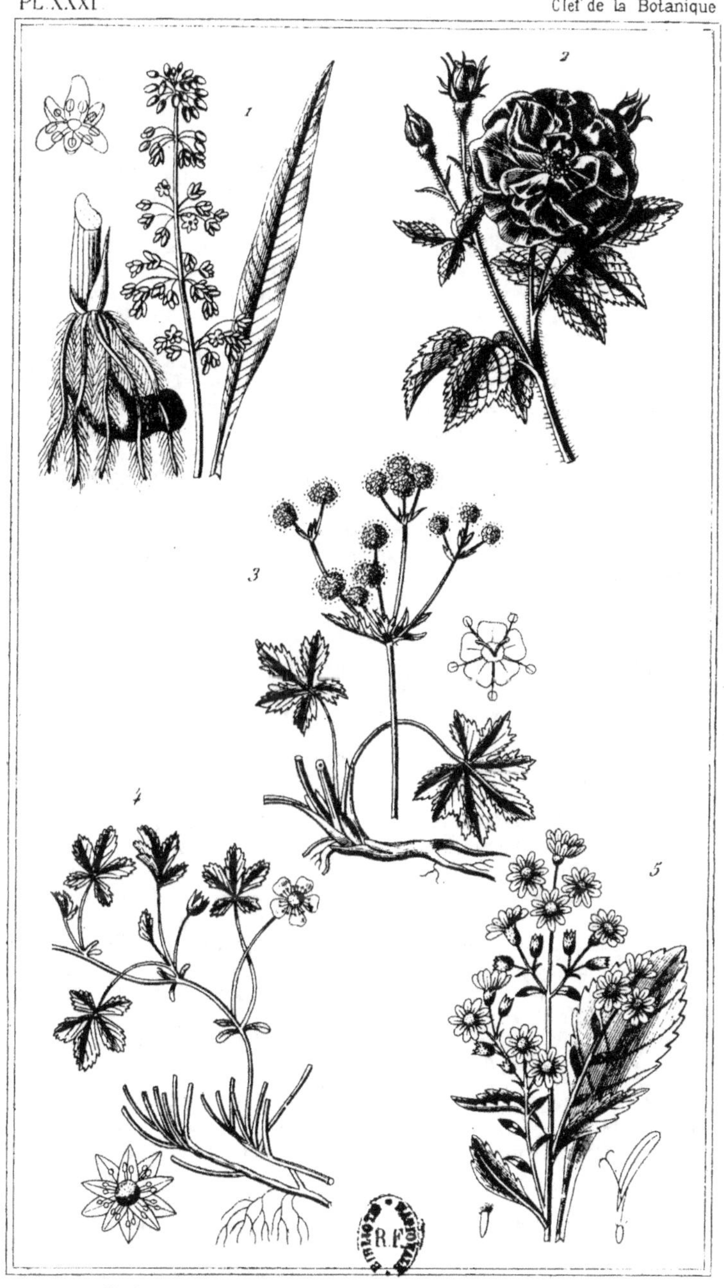

1. *Patience aquatique*   2. *Rosier de France*   3. *Sanicle*
4. *Quintefeuille*   5. *Verge d'Or*

PLANTES INDIGÈNES.   Pl. XXXI.

1. Patience aquatique. Oseille aquatique.
Rumex patientia. (POLYGONACÉES.) Herbacée vivace. Racine fort
grosse. Tige cannelée, robuste, dressée. Feuilles lancées, jaunà-
tres. Fleurs petites, verdàtres, disposées en sorte de verticille
formant épi terminal. Calice pétaloïde à six divisions dont trois
externes réfléchies et plus grandes. Étamines 6 ou 9. Ovaire à
trois styles. — Marais, fossés. — Racine, en décoction, dépurative, tonique, sudorifique. — Maladies de la peau.

2. Rosier de France. *Rosa gallica*. (ROSACÉES.) Arbuste.
Racine rampante. Tige garnie d'aiguillons recourbés. Feuilles
alternes à cinq ou sept folioles sessiles, aigues, dentées, glabres,
stipulées. Fleurs *purpurines*, larges, terminales. Calice à cinq
divisions; cinq pétales, qui se dédoublent par la culture. Étamines nombreuses, filets courts; carpelles sessiles, stigmates
obtus. — Cultivé. — Les pétales (*Rose de Provins*) sont astrin-
gents, sous forme d'infusion, d'eau distillée, de miel rosat, de con-
serves, etc.

3. Sanicle. *Sanicula europæa*. (OMBELLIFÈRES.) Herbacée
vivace. Racine assez grosse, noueuse. Tiges radicales (une seule
est représentée). Feuilles à long pétiole et à cinq lobes dentés.
Fleurs *blanches*, petites, en ombelles et ombellules, avec involucre
et involucelle; elles sont màles pour la plupart; aux hermaphrodites, cinq sépales, cinq pétales allongés, cinq étamines. Ovaire
à deux stigmates. Fruit hérissé. — Lieux ombragés, montueux. —
C'était jadis un anticancéreux « à faire aux chirurgiens la nique ».

4. Quintefeuille. *Potentilla reptans*. (ROSACÉES.) Herbacée
vivace. Racine d'où naissent plusieurs tiges grèles très longues,
rampantes. Feuilles en rosette sur un très long pétiole, à cinq
folioles dentées (son nom vient de ce qu'il y a cinq feuilles sur le
même pédoncule.) Fleurs *jaunes*, solitaires, dépassées par les
feuilles. Périanthe double (cinq sépales externes, cinq pétales internes). Étamines nombreuses (fig. de gauche). Pistils nombreux,
courts, sur un réceptacle central commun. Graines petites. —
Champs, bords des chemins. — La racine, en décoction, est
astringente, soit à l'intérieur, soit à l'extérieur. Elle jouit aussi
de propriétés antifébriles.

5. Verge d'Or. *Solidago virga aurea*. (COMPOSÉES.) Tige
dressée, rameuse. Feuilles ovales, dentées. Fleurs en capitules
jaunes, formant grappe; fleurons hermaphrodites au centre avec
cinq étamines; demi-fleurons femelles à la circonférence (fig. de
droite). Involucre commun à folioles radiées, imbriquées. Graine
aigrettée. — Lisières des bois, pâturages. Cultivé. — Odeur nulle.
Astringent, diurétique négligé.

PLANTES INDIGÈNES.   Pl. XXXII.

1. Sceau de Salomon. *Muguet. Convallaria polygonatum.* (ASPARAGINÉES.) Plante herbacée vivace. Racine traçante, noueuse, éparse. Tige simple, arquée, dont le côté convexe est muni de feuilles ovales, sessiles, à nervures longitudinales. Fleurs d'un *blanc verdâtre*, axillaires, penchées du côté opposé aux feuilles. Corolle simple, tubuleuse à limbe à six dents inclinées. Étamines six, filets longs, partant du milieu de la corolle. Ovaire à trois carpelles, style filiforme (fig. de droite). Baie d'un noir bleuâtre. — Bois, haies. — La racine est un faible astringent.

2. Tormentille-Potentille. (ROSACÉES.) Herbacée vivace. Racine grosse, tortueuse, d'où partent plusieurs tiges grêles. Feuilles sessiles par cinq folioles dentées, verticillées. Fleurs *jaunes*, tout l'été, solitaires, à long pédoncule axillaire. Calice de huit folioles. Corolle de quatre pétales. Étamines nombreuses. Carpelles plus nombreux encore, à styles filiformes. Graines nues. — Terrains secs et frais. — La racine, en décoction, est un très bon astringent contre diarrhées, affections scorbutiques, hémorragies passives.

3. Ulmaire spirée. *Spiræa ulmaria.* (ROSACÉES.) *Reine des prés.* Belle plante herbacée, vivace. Tige dressée, rameuse, à la partie supérieure. Feuilles grandes, ailées, à 5-9 paires de folioles dentées aiguës. Fleurs très petites, *blanches*, en corymbes serrés. Calice à cinq découpures réfléchies. Corolle à cinq pétales. Étamines nombreuses, anthères arrondies. Carpelles 5-8, libres ou contournés. Capsules 5-8, torses. — Prairies, bois humides, bords des eaux. Variétés. — Odeur douce des fleurs ; saveur amère : sommités se donnent en infusion, comme astringent léger.

4. Orpin-reprise. *Joubarbe. Sedum telephium.* (CRASSULACÉES). Herbacée vivace. Tiges simples, tendres, munies de feuilles glauques, charnues, sessiles, éparses, dentées. Fleurs *purpurines* ou blanchâtres, en corymbe terminal. Calice à cinq dents aiguës. Corolle à cinq pétales pointus, ouverts en étoile. Étamines 10. Ovaire, cinq carpelles à styles courts, devenant cinq capsules qui contiennent chacune beaucoup de petites semences. — Bois, taillis, vignes. — Les Feuilles sont employées fraiches par le peuple, pour hâter la *reprise* des coupures ; leur pulpe sur les hémorroïdes.

5. Pyrole. *Pyrola rotundifolia.* (ERICACÉES.) Herbacée vivace. Tige droite, fleurie dans la moitié de sa hauteur, nue en bas. Feuillage en rosette, à très long pétiole. Fleurs en grappes, *blanches*, à pédicelle recourbé. Calice et corolle à cinq folioles chacun. Étamines 10, penchées, libres, arquées. Ovaire à lobes ou carpelles (fig. de gauche). Style recourbé en forme de trompe (fig. de droite). Capsule à cinq loges. — Lieux couverts, bois montueux. — Plante amère, qui fait partie du *vulnéraire suisse.*

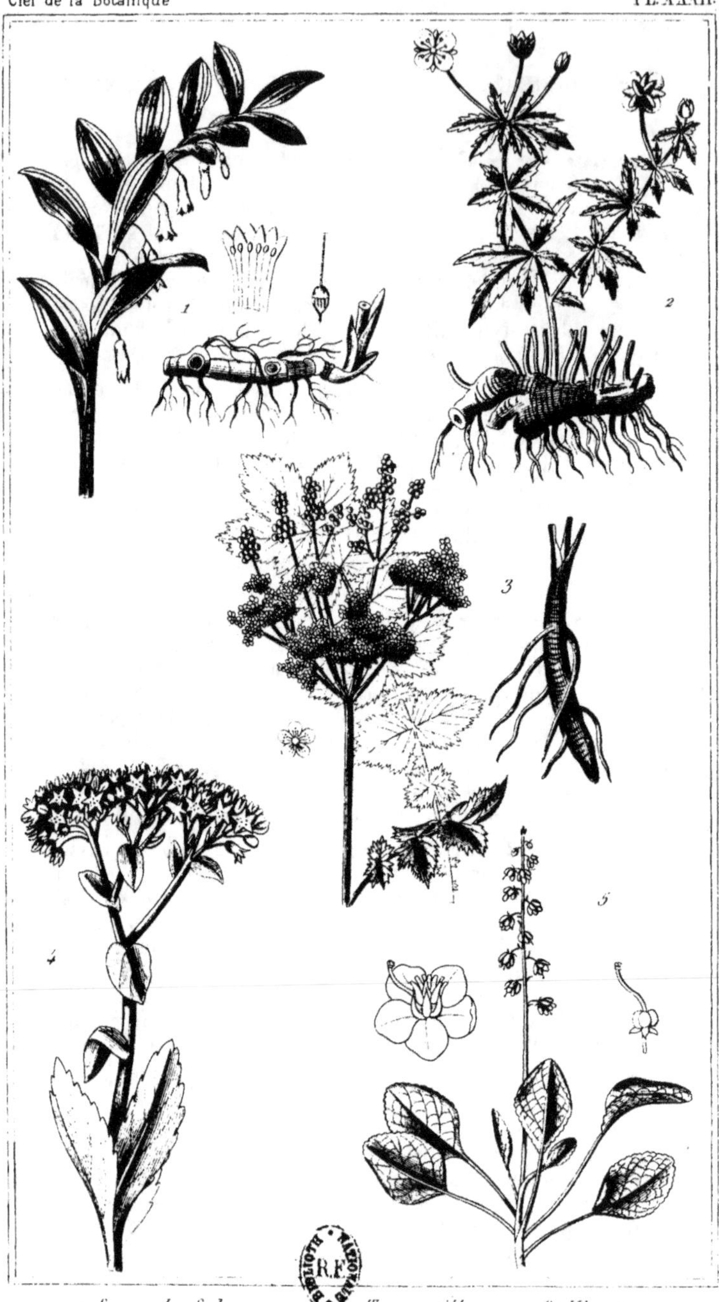

1. Sceau de Salomon   2. Tormentille   3. l'Amaire
4. Orpin   5. Pyrole

1 Petite Centaurée   2 Carline   3. Chardon benit
4. Centauré chausse-trape   5 Aunée

PLANTES INDIGÈNES.   Pl. XXXIII.

1. Petite Centaurée. *Gentiana centaurium.* (GENTIANÉES.)
Herbacée annuelle. Tige dressée, légèrement quadrangulaire,
Feuilles petites, opposées, entières, sessiles, les radicales en
rosette. Fleurs petites, *roses*, en cyme, à la partie supérieure des
ramifications. Calice à cinq divisions. Corolle tubuleuse à limbe
5-lobé. Étamines 5. Ovaire allongé, très mince, une seule loge ;
style moins long que l'ovaire, bifurqué à son sommet, stigmates
arrondis. Capsule allongée dans le calice et la corolle persistante.
— Bois, prairies.— La *Petite Centaurée* (ne pas confondre avec la
Centaurée *chausse-trape*, des Composées) est amère, tonique,
fébrifuge ; succédané du quinquina. Très employée contre la fièvre
intermittente, les atonies, etc.

2. Carline. *Carlina vulgaris.* (COMPOSÉES.) Plante sans tige.
Racine épaisse, oblongue, bisannuelle. Feuilles grandes, découpées, épineuses, blanchâtres, cotonneuses. Fleurs en un capitule
large, solitaire dans la rosette des feuilles. Au centre de ce capitule
charnu, hérissé de soies, fleurons ; sur le pourtour demi-fleurons.
(Voy. à la Famille). — Lieux élevés, Provence, Italie, Suisse.
A fait jadis le sujet de légendes merveilleuses. Oubliée aujour-
d'hui.

3. Chardon bénit. *Centaurium benedicta.* (COMPOSÉES.)
Herbacée annuelle. Tige dressée, anguleuse, lanugineuse. Feuilles
alternes, semi-amplexicaules, à grandes dentelures, terminées
par une épine ; celles environnant le capitule terminal, solitaire,
plus petites et formant une sorte d'involucre extérieur. Fleurons
jaunes, réceptacle garni de poils très longs, vingt à vingt-cinq
fleurs à chaque capitule, dont ceux du centre fertiles, ceux de la
circonférence neutres. Akène aigretté. — Provinces méridionales.
— Amertume extrême. Tonique, fébrifuge.

4. Centaurée chausse-trape. *Grande Centaurée.*
Centaurea calcitrapa. Chardon étoilé. (COMPOSÉES.) Herbacée
vivace. Tige droite, ferme, glabre. Feuilles pinn. à folioles finement dentées. Fleurs en capitules globuleux ; involucre à écailles
imbriquées. Fleurons 5-fides au centre ; fleurons plus grands,
stériles au pourtour. Akène ovoïde lisse. — Très commun aux
lieux stériles, bord des chemins. — Saveur très amère, moins à la
racine, qui a été vantée autrefois dans les maladies de la vessie (1).

5. Aunée. *Inula helenium.* Vulgairement *Œil-de-cheval.*
(COMPOSÉES.) Herbacée vivace. Racine épaisse. Tige dressée, ferme,
glabre, rameuse. Feuilles ovales, lancéolées, dentées, les caulinaires
de plus en plus petites. Fleurs *jaunes*, en gros capitule. Involucre
à plusieurs rangs de folioles imbriquées, cotonneuses. Réceptacle
commun, convexe, nu, présentant de petites alvéoles dans lesquelles sont reçues les fleurs : fleurons ligulés, femelles, trifides:
Ovaire fertile. Fleurs du centre à cinq lobes ; cinq étamines *synanthères*. Fruit surmonté d'une aigrette poilue sessile. — Prés, lieux
humides. — La racine est employée comme tonique, stimulant,
emménagogue, diurétique, etc., 15 p. 500. en décoct.— *Vin* d'aunée

(1) Les espèces du genre *Centaurea* (XXXIII, 3-4: XXXIV, 2) se prê-
tent à une confusion de noms et de caractères botaniques.

9

PLANTES INDIGÈNES.   Pl. XXXIV.

1. Gentiane. *Gentiana lutea.* (GENTIANÉES.) Herbacée vivace.
Tige simple, dressée. Feuilles opposées, embrass., ovales, aiguës,
à nervures saillantes, les inférieures grandes. Fleurs *jaunes*, axillaires et comme verticillées, formant une sorte d'épi. Calice à cinq
divisions profondes. Corolle à cinq pétales, étalée. Étamines cinq,
attachées à la base de chaque division corolline. Ovaire allongé ;
style à deux stigmates. Capsule à une seule loge. — Prairies élevées du Midi. — Racine tonique amère. Très usitée dans les atonies en général.

2. Centaurée chausse-trape. Chardon étoilé.
Centaurea calcitrapa. (COMPOSÉES.) Herbacée vivace. Tige dressée,
très rameuse, couverte en partie de poils laineux. Feuilles pinnées,
les caulinaires entières, sessiles. Fleurs *purpurines* en capitules
ovoïdes, espacées le long des rameaux. Involucre à folioles terminées chacune par une épine très aiguë, étalée. Réceptacle plan,
Fleurons fertiles au centre, étant neutres à la circonférence ; fleurons extérieurs grands, stériles. Akène blanc, sans aigrette.—Très
commune aux lieux stériles. — Tonique amer, négligé ; la racine a
eu son temps de vogue dans le traitement des maladies des
voies urinaires.

3. Houblon. *Humulus lupulus.* (URTICACÉES.) Plante grimpante, vivace, couverte de poils crochus. Feuilles glabres, 3-5 lobées. Fleurs *verdâtres*, monoïques : les mâles en grappes opposées à cinq sépales, et portées sur d'autres individus que les
femelles, qui, elles, forment un capitule globuleux, solitaire,
à pédoncule axillaire, composé d'écailles foliacées à l'aisselle de
chacune desquelles se trouvent deux fleurs femelles sessiles.
Fruit : sorte de cône ovoïde contenant de petits akènes environnés
d'une poussière résineuse granulée, jaune, qui est la partie active
(*lupulin*) du houblon.

4. Absinthe. *Grande absinthe. Artemisia absinthium.*
(COMPOSÉES.) Herbacée vivace. Racine fibro-ligneuse. Tige dressée
(1 mètre), grisâtre, rameuse. Feuilles pinnatifides, à segments
lancéolés, argentées en dessous. Fleurs en capitules *jaunes*, disposées en épis axillaires pendants ; involucre tomenteux à folioles
imbriquées, réceptacle convexe velu. Fleurons du centre hermaphrodites, corolle 5-fide, cinq étamines ; ovaire infère ; demi-fleurons femelles irréguliers (Voy. les pet. fig.). Akène sans aigrette.
— Lieux incultes, régions méridionales de l'Europe. Cultivée dans
les jardins, où elle perd ses propriétés. — Amère ; odeur pénétrante due à un principe très enivrant. — Anémie, vers, cachexie
paludéenne. Antiseptique, etc.

5. Chicorée sauvage. *Cichorium intibus.* (COMPOSÉES.)
Herbacée vivace. Feuilles sessiles, les radicales à lobes dentés, les
caulinaires entières. Fleurs *bleues*, grandes, capitules axillaires
le long et au haut des rameaux et tiges ; involucre double, 18-25
demi-fleurons comme corolle ; Étamines 5 (*synanthérées*), laissant
passer le style bifide (V. la pet. fig.). Ovaires logés dans les
petites cellules du réceptacle. Akènes petits, à aigrettes très
courtes. — Commune partout. — Saveur amère. La racine, torré-
fiée, constitue le *café-chicorée.*

1. Gentiane.   2. Chausse-trap.   3. Houblon.
4. Absinthe.   5. Chicorée sauvage.

1. Alliaire   2. Acore aromatique   3. Ansérine Anthelmintique
        4. Angélique   5. Agripaume

PLANTES INDIGÈNES.   Pl. XXXV.

1. Alliaire. *Erysimum alliaria.* (CRUCIFÈRES.) Herbacée
bisannuelle. Tige dressée, simple, velue inférieurement. Feuilles
alternes, pétiolées, cordiformes, les inférieures velues à long
pétiole creusé en gouttière. Fleurs *blanches*, petites, en grappe
lâche terminale (avril-juin). Calice à quatre sépales. Corolle à
quatre pétales en croix, deux fois plus grande que le calice. Etamines 6, tétradynames. Ovaire allongé. Siliques étalées 7-8 fois
plus longues que le pédicelle. — Les feuilles écrasées de cette plante
répandent une odeur alliacée. — Antiscorbutique. Graines pour
sinapisme.

2. Acore aromatique. *Acorus calamus.* (ARACÉES.) Roseau vivace. Racine rampante, grosse, garnie de fibrilles. Touffe
de feuilles ensiformes, engainantes très longues, du milieu desquelles s'élève une hampe qui s'ouvre sur un de ses côtés pour
laisser sortir un spadice de fleurs hermaphrodites, petites, serrées les unes contre les autres. Etamines en nombre variable.
Capsule triangulaire à trois loges. — Fossés, étangs. — La racine
est stomachique, carminative.

3. Ansérine anthelmintique. *A. anthelminticum.*
(CHÉNOPODIACÉES.) Racine charnue. Feuilles alternes. Fleurs *verdâ-*
tres nombreuses, en petits groupes portés par un même pédicule
et déposés en longue grappe terminale. Pétales 5, arrondis. Etamines 5, alternes. Pistil bifurqué. — Plante originaire d'Amérique,
cultivée chez nous. — Les graines et feuilles à odeur forte sont
considérées comme vermifuges.

4. Angélique. *Angelica archangelica.* (OMBELLIFÈRES.) Racine grosse, fusiforme, branchue. Tige ferme, fistuleuse, striée,
couverte d'une poussière glauque. Feuilles très grandes, bi-tripen-
nées, à folioles opposées, lobées et dentées. Fleurs d'un *vert jau-*
nâtre en ombelles arrondies; pas d'involucre, mais involucelles
à deux folioles linéaires. Corolle à cinq pétales ouverts, recourbés
en dedans (fig. du bas). Etamines 5, plus longues que les
pétales. Fruit ovoïde surmonté de deux styles divergents. — Odeur
aromatique, suave, stomachique. — Racine et tiges carminatives.
Préparées par les confiseurs comme bonbons.

5. Agripaume. *Leonurus cardiaca.* (LABIÉES.) Herbacée
vivace. Tige carrée, dressée, à moelle blanche. Feuilles opposées,
palmées, les inférieures à cinq lobes incisés dentés, les supérieures
presque entières. Fleurs *roses ponctuées de pourpre,* disposées en
verticilles axillaires, avec collerette de folioles très fines. Calice
5-denté (fig. de gauche) stigmate bifide. Corolle recourbée à lèvre
supérieure droite en cuiller, velue en dehors, lèvre inférieure réfléchie à trois lobes dont le moyen est le plus grand (fig. de
droite dont les deux lobes sont enlevés). Etamines didynames.
Stigmate bifide. — La *Cardiaque* (nom vulgaire) est commune
dans les haies, etc. — Ses propriétés sont celles des espèces aro-
matiques.

1. Anis vert. *Pinpinella anisum.* (OMBELLIFÈRES.) Plante herbacée. Tige rameuse, pubescente. Feuilles radic. pétiolées, trilobées, dentées, les moyennes arrondies, les supérieures décomposées en lanières de plus en plus étroites. Fleurs *blanches* en ombelles terminales; ni involucre ni involucelle. Calice nul. Corolle à cinq pétales, rabattus en dessus. Etamines 5, plus longues que les pétales. Ovaire infère, surmonté de deux styles droits très courts, stigmate globuleux. Fruit ovoïde, strié. Deux graines convexes accolées. — Midi de l'Europe. — Graines à saveur chaude. Antiventeuses, antispasmodiques, galactophores, antidyspeptiques.

2. Aristoloche-Clématite. *Aristolochia clematis.* (ARISTOLOCHIÉES.) Vivace. Tige anguleuse, simple, ferme. Feuilles alternes, amples, glabres. Fleurs jaunâtres, disposées par 3-6 axillaires; périanthe simple, tubuleux, ventru, terminé en languette. Ovaire infère soudé au tube. Etamines 6, adnées au style et aux stigmates (fig. montrant le pistil au fond du tube et les graines dans l'ovaire infère). Commune. — Racine amère, âcre, vomitive.

3. Armoise. *Artemisia vulgaris.* (COMPOSÉES.) Herbacée vivace. Tiges dressées, rameuses, vertes-blanchâtres. Fleurs *blanches*, en capitules disposés en petits épis ovoïdes ; fleurons hermaphrodites à limbe 5-denté au centre du capitule; demi-fleurons femelles (*ligulés*) à la circonférence (les petites figures représentent un capitule composé de fleurons et demi-fleurons, un fleuron hermaphrodite et un demi-fleuron femelle). Akène sans aigrette. — Plante aromatique. Très employée comme emménagogue, antispasmodique, antihystérique.

4. Arnique. *Arnica montana.* (COMPOSÉES.) Plante herbacée vivace. Racine fibreuse, brune en dehors, blanche en dedans. Tige dressée, sinueuse, velue. Feuilles radicales en rosette par 4, sessiles, obliquement nervurées. Fleurs d'un *jaune doré*, grandes, dont la principale terminale est accompagnée de deux autres plus petites. Fleurons hermaphrodites au centre du réceptacle, limbe à cinq divisions; demi-fleurons au pourtour, femelles, 3-dentés. Graines aigrettées. — Lieux élevés, froids. — Médicament *nervin*. Fleurs, feuilles, racines sont employées dans les affections adynamiques, ébranlement physique ou moral, etc.

5. Aurone. *Artemisia abrotanum.* (COMPOSÉES.) C'est l'Armoise *citronnelle* des jardins. Arbrisseau ramifié. Tige dressée. Feuilles à divisions linéaires alternes. Fleurs *jaunâtres*, capitules petits (les figures séparées en représentent la composition : c'est de gauche à droite capitule grossi, ovaire et style, puis corolle ouverte montrant les étamines synanthères et le pistil bilobé). — Odeur de citron. Propriétés médicales de l'Armoise.

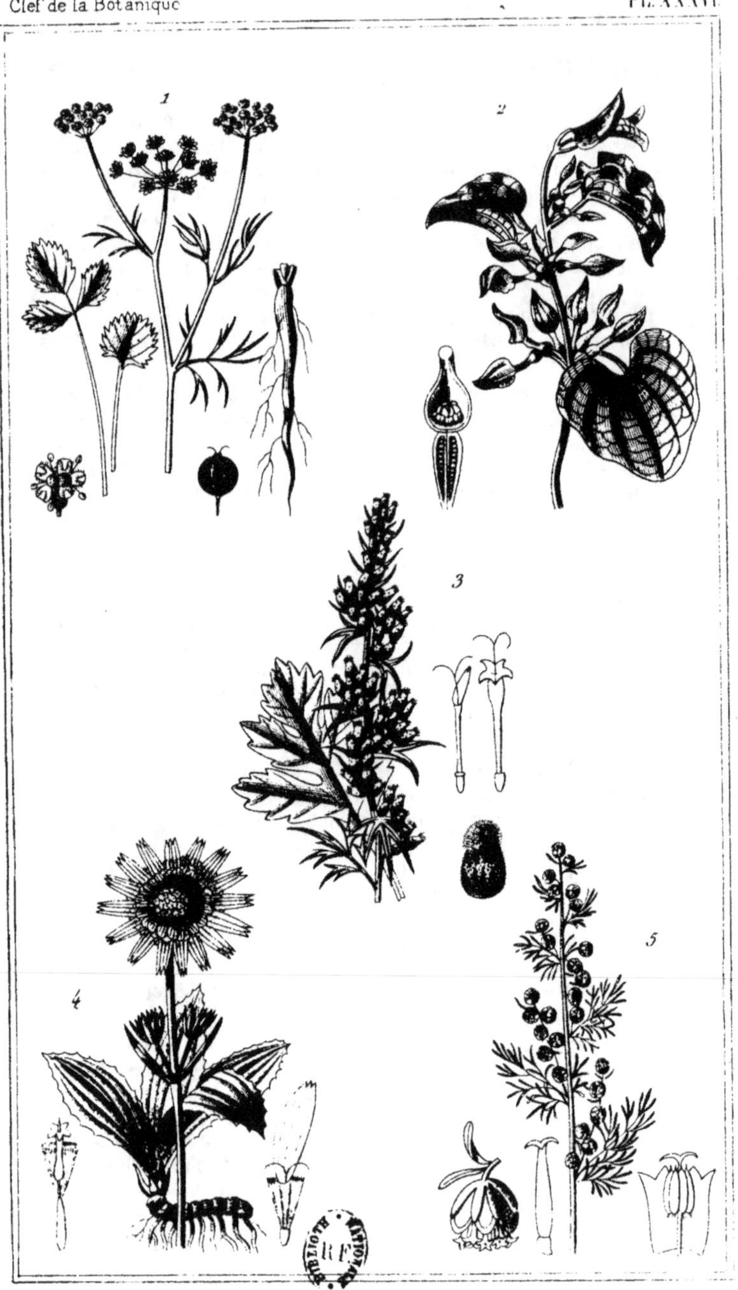

1. Anis vert .   2. Aristoloche Clématite   3. Armoise
     4. Armica.   5. Aurone Citronnelle

1. Balsamite   2. Barbarée   3. Camomille
4. Camomille puante   5. Cardamine des prés

PLANTES INDIGÈNES.   Pl. XXXVII.

1. Balsamite. *Tanacetum.* (COMPOSÉES.) Herbacée vivace.
Racine traçante, d'où partent les feuilles radicales, ovales, dentées. Tige rameuse. Fleurs *jaunes,* en glomérules nombreux;
involucre commun à écailles imbriquées (fig. détachée), fleurons
tubuleux, hermaphrodites à cinq divisions, très serrés les uns
contre les autres. — Odeur forte, pénétrante, saveur chaude. —
Puissant stimulant (feuilles, fleurs, fruits).

2. Barbarée. *Barbarea vulgaris* (CRUCIFÈRES.) Herbe aux
charpentiers, bisannuelle. Tige glabre. Feuilles sessiles, embrassantes, les inférieures grandes pinnatifides, le lobe terminal plus
grand, denté; les supérieures, petites lyres. Fleurs *jaunes,* petites
en grappe terminale. Calice, quatre pét. dressés. Corolle à cinq
pét. en croix. Etamines tétradynames. Fruits : siliques allongées,
presque linéaires. — Saveur piquate. — Antiscorbutique.

3. Camomille. *Anthemis nobilis.* (COMPOSÉES.) Vivace.
Tiges faibles, velues, étalées. Feuilles découpées, linéaires ou pinnatiséquées. Fleurs en capitules solitaires à long pédoncule; involucre hémisphérique. Fleurons du centre *jaunes,* demi-fleurons du
pourtours *blancs* (ils sont tous blancs dans la Camomille cultivée).
Akène sans aigrette. — Les capitules sont à la fois carminatifs,
toniques, fébrifuges, antispasmodiques, vermifuges, en infusion.

4. Camomille puante. *Maroute Anthemis cotula.* (COM-
POSÉES.) La *Maroute* ressemble à la camomille noble par ses propriétés physiques et médicales, mais elle en diffère par ses capitules dont les fleurons sont jaunes au centre, les demi-fleurons
blancs à la circonférence. Au contraire, dans la camomille cultivée, les uns et les autres sont blancs. — Les propriétés médicales sont les mêmes.

5. Cardamine des prés. *Cardamina pratensis.* (CRUCI-
FÈRES.) Vivace. Tige dressée, glabre. Feuilles alternes, à formes
très variées. Les radicales à 5-9 folioles arrondies, la terminale
plus grande que les autres. Fleurs *lilas,* en grappe terminale. Calice quatre sépales. Corolle quatre pétales dressés, non gibbeux.
Etamines tétradynames. Siliques allongées, dressées, bivalves. —
Antiscorbutique. — Se mange en salade.

10

1. Cochléaria. *C. officinalis.* (CRUCIFÈRES.) Tiges herbacées, faibles, rameuses en partie, couchées, vertes, glabres. Feuilles radicales entières, cordiformes en cuiller à long pétiole, les caulinaires sessiles amplexicaules. Fleurs *blanches*, petites en bouquets, grappes ou en corymbe. Calice quatre sépales, corolle à quatre pétales. Etamines 6, tétradynames. Ovaire à style court. Fruit : silicules, saveur piquante, amère et âcre. S'emploie à l'état frais, car ses propriétés se perdent par l'ébullition. — Stimulant puissant, antiscorbutique.

2. Coriandre. *Coriandrum sativum.* (OMBELLIFÈRES.) Annuelle. Tige dressée, rameuse, glabre. Feuilles radicales presque entières, les caulinaires pinnatiséquées; les supérieurs à segments étroits. Fleurs *blanc rosé*, en ombelles à 3-6 rayons : les pétales sont rayonnants à la circonférence de l'ombellule et très grands, ceux des fleurs du centre de l'ombelle plus petits. Etamines 5. Fruit globuleux marquant les cinq dents du calice et les deux styles. — La plante exhale une odeur forte qui rappelle celle de la punaise. Le fruit est stomachique et carminatif en infusion.

3. Fenouil. *Fœniculum dulce.* (OMBELLIFÈRES.) Vivace. Tige fistuleuse, rameuse, lisse, glabre. Feuilles décomposées en lanières très étroites, pétiole large embrassant la tige. Fleurs *jaunes*, petites, en ombelles à rayons inégaux; pas d'involucre ni involucelle. Corolle à cinq pétales entiers, repliés en dessus. Etamines 5, plus longues que les pétales; ovaire à deux styles courts. Fruit dont il ne reste que la columelle bipartite. — Odeur agréable des feuilles. — Les graines servent à préparer des liqueurs de table.

4. Germandrée Petit-chêne. *Teucrium chamædrys.* (LABIÉES.) Vivace. Racine traçante. Tiges grêles un peu couchées. Feuilles opposées oblongues lancéolées, crénelées, luisantes. Fleurs *roses* par 2-3 à l'aisselle des feuilles supérieures, formant grappe terminale feuillée. Calice à cinq divisions. Corolle dépassant le calice, à lèvre supérieure très courte, lèvre inférieure, 3-lobée pendante, les deux lobes latéraux sont petits, le moyen plus grand, concave étalé. Etamines 4, didynames, faisant saillie par la fente de la lèvre supérieure. — Plusieurs espèces; toutes amères, toniques.

5. Germandrée aquatique. *Teucrium scordium* (LABIÉES.) Vivace. Tige pubescente creuse, carrée, dressée. Feuilles opposées sessiles, fortement dentées, oblongues. Fleurs *purpurines* (deux dans l'aisselle des feuilles). Calice velu à cinq divisions. Corolle bilabiée, lèvre inférieure trilobée, à lobe moyen plus grand; lèvre supérieure remplacée par deux dents entre lesquelles sortent les étamines et le pistil. Akènes obovales. — Lieux marécageux.— Odeur alliacée des feuilles froissées. Plante *antiputréfiante* de jadis. Stimulant tonique. — Fait partie du *diascordium*.

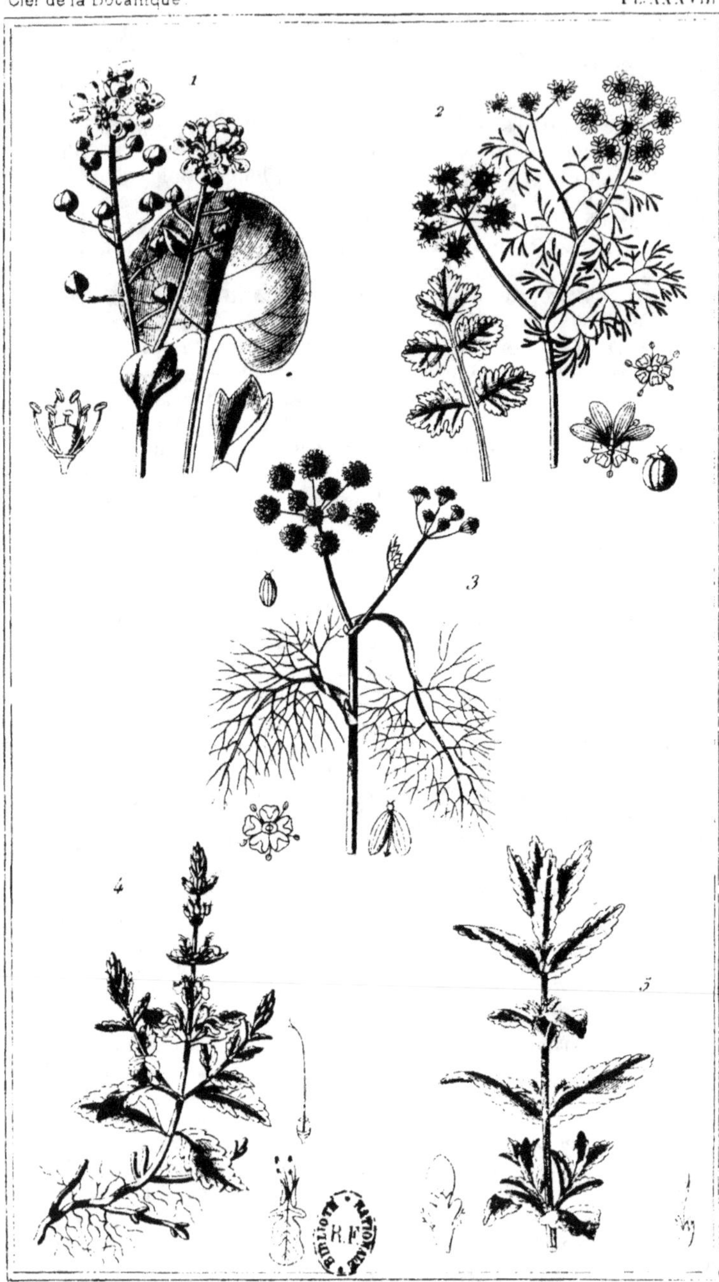

1. *Cochléaria*   2 *Coriandre*   3 *Fenouil*   4 *Germandrée Petit chêne*
5. *Germandrée aquatique*

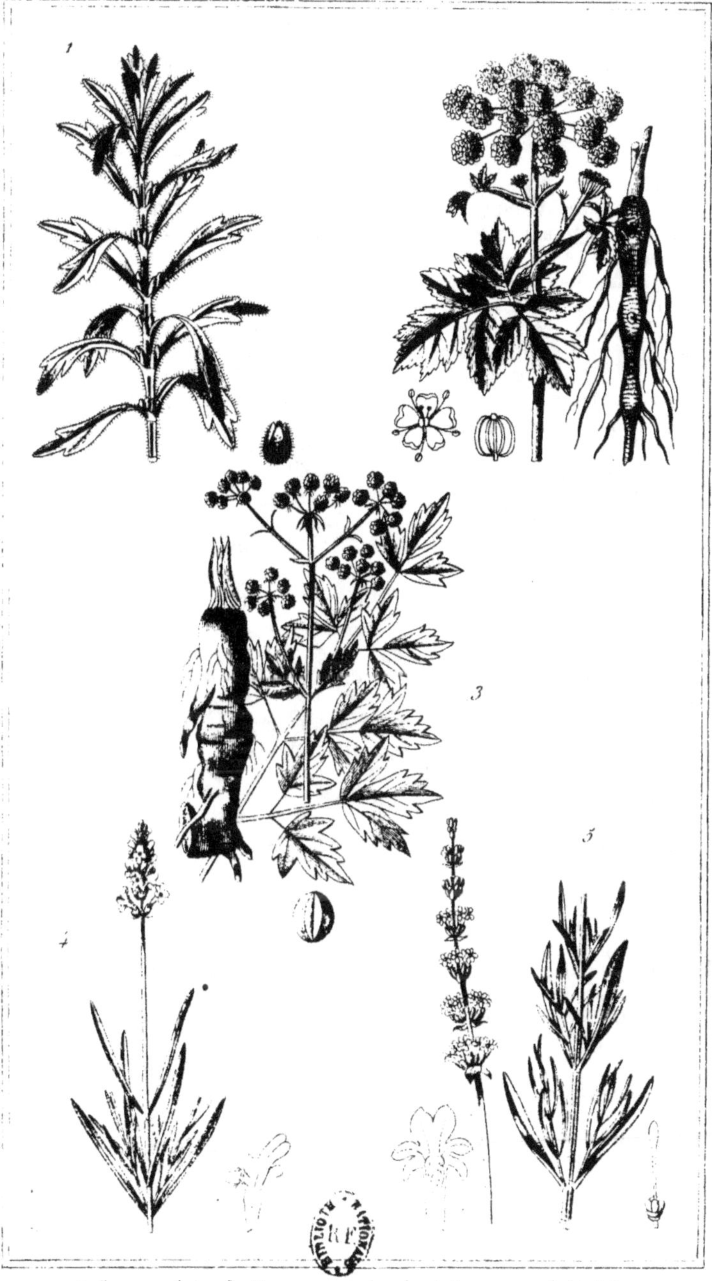

1. Germandrée-Ivette   2. Impératoire   3. Livèche
4. Lavande officinale   Lavande spic

PLANTES INDIGÈNES.   Pl. XXXIX.

1. Germandrée-Ivette. *Teucriumchamæpitis.* (LABIÉES.)
Plante herbacée, annuelle. Tige tétragone, poilue, avec alternance
d'une articulation à l'autre. Feuilles opposées en croix, les supérieures très rapprochées. Fleurs *jaunes*, petites, en verticilles axillaires. Calice angul. à cinq dents. Corolle uni-labiée, tube court.
Etamines 4, didynames, saillantes. Champs sablonneux, arides. —
Odeur un peu résineuse, saveur amère. — Réputée jadis pour
guérir la goutte et le rhumatisme, et bien d'autres maladies.

2. Impératoire. *Imperatoria austrutium.* (OMBELLIFÈRES.)
Racine grosse, noueuse. Tige dressée, fistuleuse, glabre. Feuilles
radicales en trois parties, dont chacune est à trois folioles, toutes
ovales dentées. Fleurs *blanches*, les ombellules forment ombelle
terminale grande. Corolle à cinq pétales réfléchis en dedans. Etamines 5. Ovaire à deux styles (fig. de gauche). — Pâturages du Midi.
— La racine est un tonique, stimulant. Elle fut jadis proclamée
divinum remedium.

3. Livèche. *Ligustrum levisticum.* (OMBELLIFÈRES.) Racine
grosse, branchue, brune, blanche en dedans. Tiges creuses, dressées. Feuilles deux fois ailées, folioles incisées, dents pointues.
Fleurs *jaunâtres* en ombelles, avec involucre et involucelle.
Chaque fleur munie de calice à cinq sépales peu marqués; corolle
à cinq pétales, roulés en dedans au sommet. Etamines 5, style 2.
— Montagnes méridionales. Odeur de céleri, d'ache. — A passé
pour remède à la jaunisse ou ictère.

4. Lavande. *Lavandula vera.* (LABIÉES.) Vulg. *Labiée
femelle.* Vivace. Tige dressée, rameuse, nue à la partie supérieure.
Feuilles opposées, sessiles, étroites, bords roulés en dessous.
Fleurs *bleues*, en glomérules 3-5, formant épi grêle interrompu à
la base. Corolle à lèvre supérieure bilabiée, l'inférieure trilobée.
Etamines didynames, incluses, insérées à la partie inférieure de la
corolle. Ovaire à quatre lobes ou carpelles. — Contrées méridionales. — Odeur aromatique, agréable, même après dessiccation. —
Tonique stimulant, antispasmodique.

5. Lavande spic. *Lavandula spica.* (LABIÉES.) Vulgaire.
Lavande mâle, Aspic. Arbuste, différant peu de l'espèce précédente, sauf la forme de l'épi de fleur qui est plus long, la corolle
plus ample, le pistil mi-lobulaire, etc. — Très employée sous
forme d'eau distillée, d'infusion, de teinture, essence (*huile
d'aspic*), comme résolutive, tonique, insecticide, etc.

PLANTES INDIGÈNES.   Pl. XL.

1. Marrube. *Marrubium vulgare.* (LABIÉES.) Vivace. Tiges blanchâtres, velues, carrées, cotonneuses. Feuilles opposées, pétiolées, épaisses, crépues. Fleurs *blanches*, petites en glomérules serrés à l'aisselle des feuilles. Calice velu à dix dents; corolle bilabiée, lèvre supérieure bifide; lèvre inférieure 3-lobée. Etamines 4, didynames, incluses. Ovaire quadrilobé, style, stigmate bilobé, lobes inégaux. — Lieux incultes. — Odeur aromatique, saveur chaude, tonique. — Expectorant, stimulant.

2. Matricaire. *Matricaria parthenium.* (COMPOSÉES.) Bisannuelle. Tige rameuse, pubescente, cannelée. Feuilles alternes pinnatiséquées à lobes oblongs dentés. Fleurs disposées en capitules nombreux, à réceptacle convexe, formant corymbe terminal. Fleurons du centre *jaunes*, hermaphrodites, corolle à cinq dents; demi-fleurons femelles *blancs* à trois dents au pourtour. (Des deux figures détachées, la petite représente un fleuron, la plus grande un demi-fleuron.) — Antispasmodique, antihystérique; excitant de la matrice.

3. Matricaire-Camomille. *Matricaria chamomilla.* (COMPOSÉES.) C'est la Camomille commune (*anthemis nobilis*). Vivace. Tiges très rameuses, couchées ascendantes. Feuilles pinnatifides alternes. Fleurs (capitules terminaux), réceptacle très convexe, fleurons du centre *jaunes*, hermaphrodites, tubuleux à cinq lobes; demi-fleurons *blancs* (fig. de g. grossie) à la circonférence. — Par la culture on parvient à faire développer en demi-fleurons un grand nombre de fleurons et alors le capitule représente un petit pompon entièrement *blanc*. — Tonique, stimulant, antispasmodique, antiventeux, antidyspeptique, en infusion.

4. Menthe poivrée. *Mentha piperita.* (LABIÉES.) Vivace. Tige carrée, rameaux opposés. Feuilles opposées, lancéolées, dentées en scie, d'un vert foncé en dessus, plus pâle en dessous. Fleurs *violacées*, en glomérules axillaires, munis de bractées étroites, disposés en un épi au haut de la tige, interrompu plus bas. Corolle à quatre divisions égales, sauf la supérieure qui est un peu plus large avec une échancrure (fig. de droite). Etamines 4, plus courtes que la corolle. Ovaire, 4-lobes, long style, stigmate bifide (fig. de gauche). — Cultivée en grand en Angleterre et en Amérique, son pays d'origine. — Contient une huile essentielle et du camphre. — Stimulant, antispasmodique-carminatif, emménagogue.

5. Millefeuille. *Achillea millefolium.* (COMPOSÉES.) Vivace. Tige dressée, cannelée. Feuilles étroites, longues, pinnatiséquées à segments linéaires nombreux. Fleurs en capitules blancs très petits; 6-8 fleurons à 5-lobes hermaphrodites au centre, demi-fleurons femelles au pourtour, 3-dentés à languette écartée en dehors de façon à donner au capitule l'apparence d'une fleur à cinq pétales blancs. Involucre allongé, réceptacle plan. Akènes sans aigrette. — Odeur aromatique, saveur amère. — Tonique, antispasmodique, astringent, antihémorroïdal.

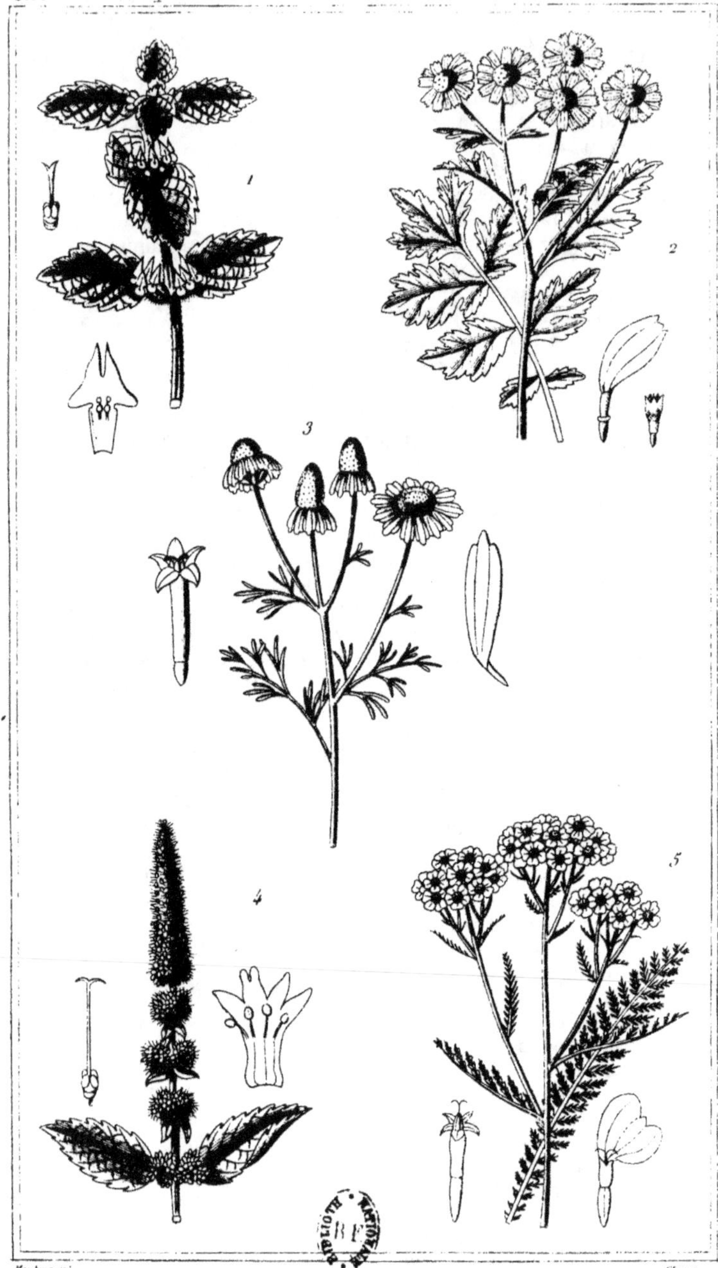

Maubert del. Clerge

1. Marrube 2. Matricaire 3. Matricaire - Camomille
4. Menthe poivrée 5. Millefeuille

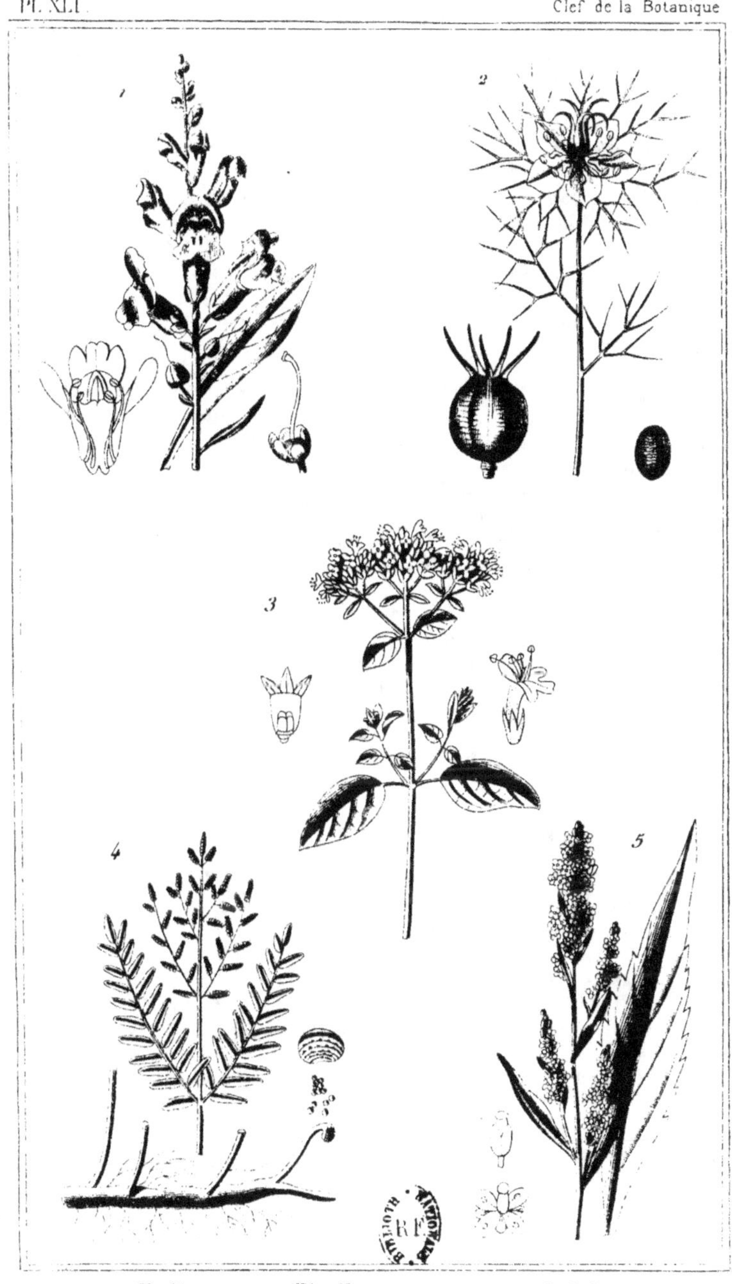

1. Muflier   2. Nigelle   3. Origan
4. Osmonde   5. Passerage

PLANTES INDIGÈNES.   Pl. XLI.

1. Muflier. *Antirrhinum majus.* (SCROFULARIÉES.) Vivace. Tige dressée, simple. Feuilles opposées lancéolées, entières. Fleurs *purpurines*, grappe terminale. Calice à cinq divisions profondes, velues. Corolle irrégulière, personnée, tube à limbe en gueule, palais jaune. Etamines 4, didynames, contenues sous la lèvre supérieure (fig. de gauche). Ovaire à deux loges; stigmate bilocul. Capsule oblongue avec des trous au sommet, ressemblance avec une tête de veau.—Vieux murs; cultivé. — Propriétés mal déterminées.

2. Nigelle. *Nigella damascena.* (RENONCULACÉES.) Annuelle. Tige dressée, rameuse. Feuilles bi-tripinnatiséquées à segments très étroits (*cheveux de Vénus*). Fleurs *bleues* solitaires terminales, involucre représenté par les linéaments entourant la fleur. Calice cinq sépales unguiculés; corolle 5-pétales, fossette nectarifère placée au-dessous des onglets et couverte par une écaille. Etamines 5, ovaire de cinq carpelles. Fruit capsule ovoïde résumant les cinq carpelles. — Moissons, champs sablonneux. — Sans usages.

3. Origan. *Origanum vulgare.* (LABIÉES.) Vivace. Tige dressée, pubescente, rameuse en haut. Feuilles opposées pubescentes. Fleurs *roses*, petites, capitules petits, munies de bractées colorées. Calice à cinq dents et corolle à lèvre supérieure plane, l'inférieure à trois lobes. Etamines 4, didynames. Akènes 4, ovoïdes. — Plante à odeur aromatique. Saveur chaude (tonique, stimulant).

4. Osmonde. *Osmundum regalis.* (FOUGÈRES.) Racine rampante. Feuilles partant toutes de la racine, divisées sur la hampe, opposées, bipinnées à folioles dont les fructifères sont terminales et rapprochées en panicule, couvertes de sporanges (fig. d'un sporange d'où tombe des graines ou spores).

5. Passerage. *Lepidium latifolium.* (CRUCIFÈRES.) Vivace. Tige dressée. Feuilles ovales-oblongues, lancéolées (Grande Passerage). Fleurs *blanches*, petites, celles-ci rapprochées en panicule terminale, sépales 4, pétales 4, étamines 6 étalées. Style très court et stigmate en tête. Silicule terminée en pointe au sommet. — Bord des rivières, lieux ombragés. — Saveur âcre, poivrée. — Stimulant antiscorbutique.

1. Pastel. *Isatis tinctoria.* (CRUCIFÈRES.) Herbacée. Bisannuelle. Tige dressée, glabre, hérissée à la base; rameaux disposés en corymbe. Feuilles alternes lancéolées, sessiles, embrassantes. Fleurs *jaunes*, petites, en grappes terminales. Calice à sépales étalés; corolle en croix. Etamines 6. Silicule oblongue. Lieux arides, décombres, etc. — Antiscorbutique. — On en retire une couleur bleue employée dans les arts.

2. Raifort. *Cochlearia armoracia.* (CRUCIFÈRES.) Raifort *sauvage.* Racine charnue, renflée, fibreuse. Tige dressée, creuse, glabre. Fleurs *blanches*, pétales en croix à long onglet. Etamines 6; ovaire allongé. Lieux humides, fossés. — Antiscorbutique par excellence (racine.) — Le *radis noir* est le raifort *cultivé.* (*R. nigeraphanus*).

3. Romarin. *Rosmarinus officinalis.* (LABIÉES.) Arbuste. Tige ligneuse dressée, rameaux nombreux, opposés. Feuilles sessiles opposées, étroites, coriaces, roulées en dessous par les bords. Fleurs *bleu pâle* en glomérules axillaires, formant épi au sommet des rameaux. Corolle bilabiée, à lèvre supérieure bifide, relevée; lèvre inférieure réfléchie à trois lobes dont le moyen est plus grand. Etamines 2 (la corolle ouverte n'en montre qu'une, le style étant à côté). Ovaire quadrilobé. — Contrées méridionales. — Stimulant, stomachique, emménagogue.

4. Roquette. *Brassica eruca.* (CRUCIFÈRES.) Plante annuelle. Feuilles pennatipartites, glabres, à lobe terminal très ample. Calice à quatre folioles droites, allongées. Corolle à quatre pétales en croix, à long onglet. Etamines 6, tétradynames. Silique dressée. — Champs incultes. — On regarde encore la racine comme aphrodisiaque.

5. Sarriette. *Satureia montana.* (LABIÉES.) Annuelle. Feuilles opposées, lancéolées-linéaires. Fleurs d'un *blanc rosé*, petites, 2-3 à l'extrémité des pédoncules axillaires. Corolle tubuleuse, bilabiée. Etamines 4, rapprochées sous la lèvre supérieure, les deux inférieures plus longues. Style sétacé, deux stigmates recourbés. — Midi de la France. — Stimulant, antispasmodique.

1. Pastel   2. Raifort sauvage   3. Romarin
4. Roquette   5. Sarriette

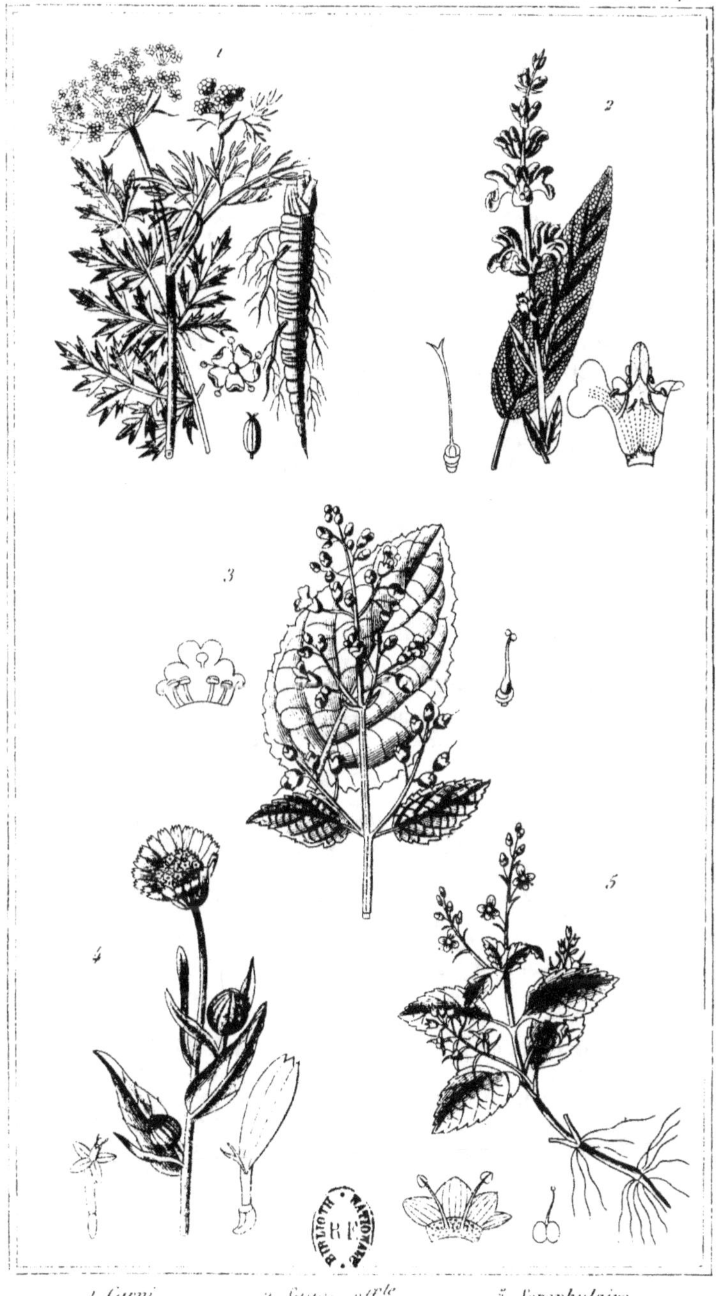

1. Carvi   2. Sauge off.^le   3. Scrophulaire
4. Souci des champs   5. Véronique Beccabunga

PLANTES INDIGÈNES.   Pl. XLIII.

1. Carvi. *Carum carvi.* (OMBELLIFÈRES.) Bisannuelle. Racine fusiforme. Tige creuse, glabre. Feuilles à long pétiole bipinnatifides. Fleurs *blanches* en ombelles au sommet des rameaux, involucre à 2-4 folioles linéaires. Corolle à trois pétales repliés en dessus. Fruit ovoïde allongé à côtes, cinq côtes sur chaque moitié. — Prairies. — Propriétés de l'Anis (Semences). Usité dans l'art culinaire.

2. Sauge. *Salvia officinalis.* (LABIÉES.) Vivace. Tige quadrangulaire, rameuse. Feuilles ovales, lancéolées, opposées, denticulées finement, les jeunes blanchâtres tomenteuses. Fleurs *rose lilas*, formant une sorte d'épi composé de glomérules axillaires par 6-8; calice à cinq dents aiguës; corolle labiée, lèvre supérieure en casque, l'inférieure 3-lobée, le lobe moyen plus large, échancré, les latéraux courts; gorge garnie de poils. Etamines 6, dont deux rudimentaires. Akènes 4. — Les propriétés de cette plante ont été célébrées jadis comme alexipharmaques ou *chasse-poison.* — Contrées méridionales. — Plusieurs variétés cicatrisantes.

3. Scrofulaire. *Scrofularia aquatica.* (SCROFULARIÉES.) Vivace. Tige quadrangulaire, robuste, lisse, glabre. Feuilles opposées, ovales-oblongues, dentées-crénelées. Fleurs *rouge brun* disposées en une panicule formée de petites grappes opposées. Calice à lobes orbiculaires membraneux. Corolle irrégul. com. bilabiée. Etamines 4, plus une cinquième réduite à un appendice à la base de la lèvre supérieure. (V. fig. de gauche.) Stigmate bilobé.

4. Souci des champs. *Calendula officinalis.* (COMPOSÉES.) Annuelle. Tige épaisse, velue. Feuilles alternes, sessiles, entières, un peu charnues. Feurs *jaunes*, grandes, solitaires, terminales, en capitule; involucre à double rang de folioles égales; fleurons du centre hermaphrodites, limbe 5-fide; demi-fleurons femelles de la circonférence, fertiles, cinq étamines synanthères. Akènes irréguliers, ceux du centre courbés en arc, ceux du pourtour en forme de nacelle. (V. fig. de droite.) — Plante aromatique, antispasmodique, antifébrile, etc.

5. Véronique. *Veronica becabunga.* (SCROFULARIÉES.) Vivace. Tige couchée, rampante, puis ascendantes. Feuilles opposées, ovales, dentées. Fleurs *bleues*, très petites, en grappes lâches à l'extrémité des rameaux. Calice à quatre divisions; corolle, quatre pétales dépassant les sépales. Etamines 2, dépassant les pétales. Ovaire à deux loges; style simple, stigmate bilobé. Capsule recouverte par le calice. — Plante amère, aromatique. Affections de poitrine. En somme, tonique léger.

PLANTES INDIGÈNES.   Pl. XLIV.

1. Caille-lait. *Galium mollugo.* (Rubiacées.) Herbacée.
Vivace. Tiges diffuses, ascendantes. Feuilles étroites en verticille
par 8. Fleurs *jaunes* en panicules terminales, d'autres latérales
opposées. Calice à quatre dents à peine visibles. Corolle 4-fide.
Etamines 4. Ovaire surmonté d'un stigmate bilobé. — Plante très
commune qui, malgré sa réputation, ne caille pas le lait, mais
communique sa couleur au fromage.

2. Mélisse. *Melissa officinalis.* (Labiées.) Vivace. Tige carrée,
dressée, pubescente, rameuse. Feuilles opposées, ovales-pointues,
crénelées. Fleurs *blanches jaunâtres*, petites, en glomérules axillaires. Calice tubuleux à cinq dents. Corolle dépassant le calice,
lèvre inférieure à lobe moyen arrondi et plus grand (fig. de
droite sup.) Etamines 4, didynames, insérées au haut de la corolle
(fig. de g.). Ovaire quadrilobé; style filiforme à stigmate bifide. —
Midi de la France. — Plante très odorante, tonique, antispasmodique, céphalique; base de l'Eau des Carmes.

3. Pivoine. *Pœonia officinalis.* (Renonculacées.) Vivace.
Feuilles bi-ailées. Fleurs solitaires terminales, très grandes, d'un
rouge violacé. Corolle à cinq pétales très grands, concaves. Etamines très nombreuses 30 à 100 (la figure détachée montre :
1° trois étamines seulement et aussi les points d'insertion des autres; 2° ovaire à cinq stigmates épais). — Bois montueux. — La
Pivoine a été réputée *divine* chez les anciens.

4. Valériane. *Valeriana officinalis* (Valérianées.) Bisannuelle. Tige fistuleuse. Feuilles opposées, pubescentes, pinnatifides. Fleurs *blanc rosé*, irrégulières en panicules ou corymbes
rameux. Calice à cinq sépales, persistant. Corolle tubuleuse, tube
bossu à la base, cinq pétales, étamines 3. Ovaire infère, style stigmate à trois divisions. — Lieux humides. — Racine très odorante,
Antispasmodique, antihystérique. Epilepsie, convulsions.

5. Vulvaire. *Chenopodium vulvaria.* (Chénopodiacées.) Annuelle. Herbacée à fleurs *verdâtres* nombreuses, petites, en
grappes axillaires et terminales, formant panicule au sommet du
rameau. Calice à cinq sépales. Etamines 5, ovaire à deux styles,
sessiles. — Lieux cultivés, au pied des murs, villages. — Par le
frottement, la vulvaire exhale une odeur fétide. Hystérie, chorée,
névroses, épilepsie.

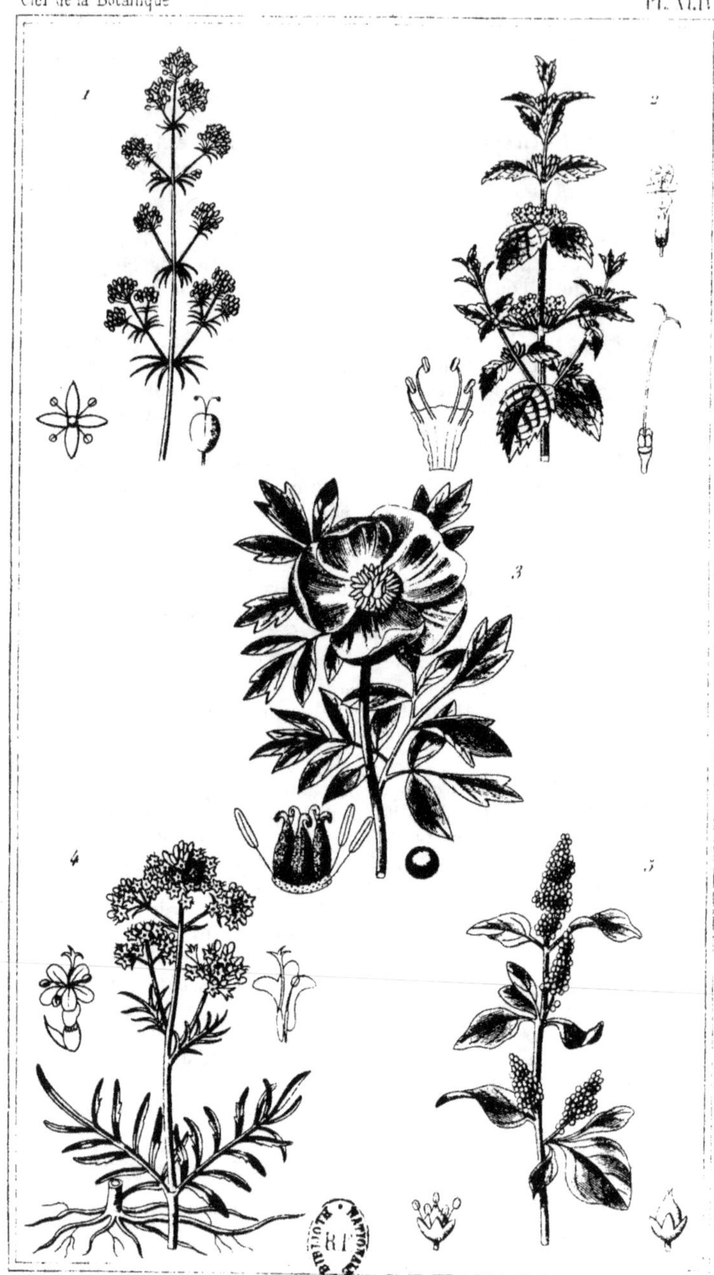

1. Caille-lait   2 Mélisse   3 Pivoine
   4 Valériane   5 Aulnée

1. Bardane.   2. Camphrée.   3. Canne de Provence.
4. Douce-amère.   5. Fumeterre.

1. Bardane. *Arctium lappa.* (COMPOSÉES.) Vivace. Racine fusiforme grosse. Tige pubescente, très rameuse. Feuilles alternes, ovales, toment. en dessous, les inférieures cordiformes très longues et larges. Fleurs *purpurines*, involucre, subglob., nombreuses folioles terminées par une pointe en crochet qui accroche les vêtements; réceptacle hérissé de soie. Fleurons tous égaux et hermaphrodites. Étamines 5, syngénèses. Ovaire infère. Akène oblong à aigrette formée de poils caducs. — Très commun. Lieux incultes, etc. — La racine a été préconisée comme diurétique, les feuilles comme antipsoriquées, en décoction.

2. Camphrée. *Camphorosma.* (CHENOPODIACÉES.) S.-Arbrisseau à rameaux *blanchâtres*. Feuilles très petites et nombreuses, linéaires, velues. Fleurs herbacées, disposées en paquets le long des rameaux formant des épis lâches, hermaphrodites. Calice à quatre divisions pointues. Étamines 4, à anthères allongées, sortant du calice sans corolle, deux styles bifides à stigmate plumeux. — Midi de la France. — Odeur de camphre sous le froissement. Asthme, hydropisie.

3. Canne de Provence. *Arundo donax.* (GRAMINÉES.) Vivace. Tige creuse (chaume, roseau). Feuilles longues, étroites lancéolées, nervures longitudinales. Fleurs petites en panicules rameuses formant une panicule de 8 à 10 centimètres de longueur. Épillets *purpurins;* glume à deux valves. Étamines 3. Ovaire surmonté de deux styles, stigmates plumeux. Fruit (cariopse) libre. — Régions méridionales; bords des rivières, étangs. — Le rhizome (racine) est l'antilaiteux populaire, en tisane.

4. Douce-amère. *Solanum dulcamara.* (SOLANÉES.) Bisannuelle. Tiges ligneuses, sarmenteuses, rameaux flexueux. Feuilles entières, ovales-acuminées, les supérieures à 3 lobes, dont les latéraux petits. Fleurs *violettes*, formant grappe sur long pédoncule. Corolle à cinq divisions, renversées en dehors. Étamines 5, dont les anthères oblongues sont rapprochées et forment une sorte d'ovoïde jaune laissant passer le style. Baies ovoïdes pendantes, rouges à la maturité. — Bois, haies. Commune. — Action dépurative, sudorifique, narcotique.

1. Galéga. *Galega offic.* (LÉGUMINEUSES.) Vivace. Tige dressée, rameuse. Feuilles imparipinnées, folioles nombreuses, entières. Fleurs en grappe papilionée, *blanches* ou *bleuâtres*, axillaire à long pédoncule, étendard embrassant les ailes. Etamines 12, diadelphes. Légume bosselé par saillie des graines. — Midi de la France. — Herbe fourragère.

2. Laiche des sables. *Carex arenaria.* (CYPÉRACÉES.) Vivace. Racine horizontale rampante. Feuilles linéaires, planes. Fleurs *roussâtres*, en chatons, dont les inférieures sont femelles, les supérieures mâles et femelles mélangées (fig. de droite, fleur femelle; fig. de g. fl. mâle). Etamines 3. — Lieux sablonneux. — La racine est sudorif., en décoction.

3. Patience. *Rumex patientia.* (POLYGONÉES.) Vivace. Racine longue, noueuse. Tige dressée, jaunâtre, cannelée. Feuilles très grandes, ovales-lancéolées, ondulées. Fleurs petites, *verdâtres*, verticillées en sorte d'épi. Périanthe à six divisions. Etamines 6, à anthères bilobées et ovaire à trois styles capillaires (fig. détachées). — Lieux humides. — Tonique, dépuratif (racine) en décoction.

4. Saponaire. *Saponaria offic.* (DIANTHACÉES). Vivace. Racine traçante. Tige dressée, noueuse et sillonnée. Feuilles opposées. Naissant aux nœuds, ovales-lancéolées, simples, glabres, à nervures longitudinales. Fleurs *blanches*-rougeâtres, disposées en panicule. Calice tubuleux, allongé, 5-denté. Corolle à cinq pétales à long onglet, limbe étalé. Etamines 10. Ovaire à deux styles. Capsule 4-valvaire. — Bords des chemins, berges des rivières. — Léger tonique; dépuratif, antidartreux.

5. Scabieuse des champs. *Scabiosa arvensis.* (DIPSACÉES.) Vivace. Tige dressée, rameuse, poilue, fistuleuse. Feuilles opposées, pinnatifides, velues, lobe terminal le plus grand. Fleurs *bleues*, réunies en capitule solitaire sur long pédoncule à chaque fleur. Calice double, l'intérieur à quatre dents. Corolle à cinq divisions dont les plus grandes sont celles qui siègent à la circonférence. Etamines 4, plus grandes que la corolle. — Champs, prés, chemins. — Légère amertume dans toutes ses parties. — En tisane comme dépuratif, sudorifique, antidartreux.

1 Gateau   2 Laiche des sables   3 Patience
4 Saponaire   5 Scabieuse

1. Alkékenge   2. Arrête-Bœuf   3. Eupatoire
4. Genevrier   5. Colchique

1. Alkékenge (Coqueret). *Physalis alkekengi.* (SOLANÉES.) Vivace. Feuilles pétiolées, géminées, ovales, aiguës. Fleurs *blanches*, inclinées, à pédoncule axillaire. Calice à cinq divisions, velu. Corolle campanulée à cinq lobes. Étamines 5, anthères conniventes (fig. de g.). Baie globuleuse rouge cerise, renfermée dans le calice formant coque à cinq pans, terminée en pointe. — Champs et vignes cultivées. — Les baies, les feuilles et tiges sont employées comme diurétiques, fébrifuges.

2. Arrête-Bœuf (Bugrane). *Ononis spinosa.* (LÉGUMINEUSES.) Vivace. Racine lign. traçante. Tiges couchées, étalées, rameaux épineux. Feuilles trifoliées. Fleurs *roses*, papilionées. Calice velu à cinq divisions linéaires. Corolle très ample, à étendard dépassant les ailes qui forment la carène prolongée en bec. Étamines monadelphes. Ovaire à style ascendant (fig. inf. de g.). — Lieux incultes, pâturages. — Racine (décoction) contre les maladies de la vessie. — Les jeunes pousses se mangent en salade.

3. Eupatoire. *Eupatorium cannabinum.* (COMPOSÉES.) Vivace. Tige remplie de moelle. Feuilles à cinq segments verticillés dentés. Fleurs disposées en capitules oblongs formés chacun de cinq fleurs hermaphrodites (fig. de dr.), dont la réunion forme une sorte de corymbe terminal serré; deux styles saillants (fig. infér.). Fruit : akène surmonté d'une aigrette à soie (fig. de g.). — Lieux humides, bords des eaux. — Rien à dire touchant les propriétés médicales, qui pourtant ont eu leur marque dans l'histoire.

4. Genévrier. *Juniperus communis.* (CONIFÈRES.) Arbrisseau très rameux, diffus. Feuilles verticillées par trois, linéaires, tubulées, piquantes, toujours vertes. Fleurs monoïques : mâles, en sorte de cône de trois écailles en verticille; aux femelles, écailles concaves, plus petites, arrondies. Fruit : baie passant du vert au brun noirâtre. — Chemins pierreux, collines. — Stimulant, diurétique (baies). — La distillerie de celles-ci donne la liqueur dite *genièvre*.

5. Colchique. *Colchicum autumnale.* (COLCHICACÉES.) Plante vivace, bulbeuse. Feuilles radicales, grandes, ovales, lancéolées, amplexicaules, paraissant après les fleurs. Fleurs *lilas*, s'allongeant en tube *blanc* de six à dix centimètres, s'ouvrant en un périanthe à six divisions ovales, allongées. Étamines 6 à la gorge, à filets filiformes. Ovaire 3-loculaire. Capsule triloculaire, trois carpelles surmontés de trois filets filiformes (fig. de droite), graines nombreuses. — Prairies, pâturages humides. — Rôle important en thérapeutique, soit par la plante même, soit par ses alcaloïdes.

PLANTES INDIGÈNES.   Pl. XLVIII.

1. Filipendule. *Spiræa filipendula*. (ROSACÉES.) Racine tubéreuse. Feuilles pinnat., à folioles alternes, stipulées dentées. Fleurs *blanches*, en corymbes terminaux. Calice à cinq divisions ; Corolle à cinq pétales ovales, écartés. Étamines très nombreuses, filiformes. Ovaire à douze carpelles, autant de styles (ces derniers non figurés). — Clairières des bois, coteaux secs. — Les renflements tubéreux de la racine contiennent de la fécule amylacée ; réputés diurétiques autrefois.

2. Linaire. *Antirrhinum linaria*. (SCROFULARIÉES.) Bisannuelle. Feuilles linéaires, sessiles, dressées. Fleurs *jaunes*, en épis terminaux. Calice à cinq divisions, petit. Corolle irrégulière, ouverte en gueule, lèvre à trois divisions ou lobes, surmontée d'une éminence obstructrice ; tube de la corolle terminé en éperon à la base. Étamines 4, didyn., fixées à la lèvre supérieure de la corol. (fig. de g.), style. Capsule arrondie, semences noires. — Décombres, lieux incultes. — Les feuilles en cataplasme calment les hémorroïdes.

3. Petit-Houx. (Fragon piquant). *Ruscus aculeatus*. (ASPARAGINÉES.) Arbuste. Tige flexible, verte, dressée, rameuse, présentant deux sortes de rameaux dont l'un terminé par une épine. Feuilles alternes, ovales, allongées en pointe, entières, vert foncé. Fleurs monoïques, petites, *blanches*, naissant à l'aisselle d'une bractée sur la face supérieure des *cladodes*. Fleurs mâles, périanthe à six divisions, dont trois plus petites, au milieu est un godet formé par les filets réunis des étamines. Fleurs femelles : ovaire à trois loges. Fruit : baie globuleuse, rouge. — Bois ombragés. — La racine jouit de propriétés diurétiques.

4. Pariétaire. *Parietaria offic.* (URTICACÉES.) Herbe vivace, poussant dans les fentes des murs. Tiges un peu velues. Feuilles alternes, ovales, oblongues, velues. Fleurs très petites, *verdâtres*, polygames, c'est-à-dire mâles et femelles réunies dans un involucre commun (fig. de g.), lequel est à plusieurs folioles comprenant trois ou cinq fleurs, dont une femelle, et les autres hermaphrodites. La fleur femelle centrale présente : calice à quatre divisions, ovaire terminé par un stigmate poilu (fig. de dr.). Quant aux fleurs mâles, rangées autour : quatre étamines, à filets recourbés, qui se redressent si on les touche avec une pointe. — Interstices des murs. — Diurétique populaire.

5. Scille. *Scilla autumnalis*. (LILIACÉES.) Plante bulbeuse, hampe droite, poussant toujours avant les feuilles, radicale, ovale, lancéolée vert foncé. Fleurs *blanches*, en long épi, couvrant la moitié de la hampe. Corolle à six divisions profondes. Étamines 6, insérées à la base du calice. Capsule trivalve. — Bords sablonneux de l'Océan. — Le bulbe, très gros, contient un principe énergique (*scillitine*). — Diurétique, expect., antirhumatismal.

1. *Filipendule*   2. *Linaire*   3. *Petit Houx*
4. *Parietaire*   5. *Scille*

1. Capillaire   2. Hyssope   3. Lierre Terrestre
4. Véronique officinale   5. Polygala

PLANTES INDIGÈNES.   Pl. XLIX.

1. Capillaire. *Adianthum capillus Veneris*. (Fougères.) Vivace. Souche longue, munie de radicules fines. Feuilles à pétiole radical, munies de folioles alternes, à 2-3 lobes dans le bas, unilobées dans le haut. Fructification représentée par de petits grains situés dans le repli du bord supérieur des folioles. — Lieux humides du Midi de la France. — Tonique expectorant en décoction, sirop, etc.

2. Hysope. *Hyssopus officin*. (Labiées.) Herbacée. Vivace. Tige dressée, quadrangulaire, rameaux nombreux, très feuillés. Feuilles opposées, sessiles ovales-lancéolées, portant à leur aisselle des feuilles plus petites. Fleurs *roses*, sessiles, en paquets réunis en épi étroit et unilatéral. Calice allongé à cinq dents aiguës. Corolle tubuleuse bilabiée, lèvre supérieure redressée, l'inférieure à trois lobes étalés, divergents, le médian plus grand (fig. de gauche). Etamines 4. Ovaire à quatre loges et stigmate bifide (fig. de droite). Fruit : 4 akènes. — Collines du sud de la France. — Tonique, aromatique, anticatarrhale, en infusion.

3. Lierre terrestre. *(Glécome) Glecoma hederacea*. (Labiées.) Racines grêles. Tige rampante, émettant plusieurs rameaux. Feuilles opposées cordiformes. Fleurs *violacées*, 2-3 à l'aisselle des feuilles. Calice à cinq dents aiguës. Corolle bilabiée bien plus longue, à lèvre supérieure bifide, courte, l'inférieure très velue et large, à deux lobes, dont celui du milieu plus grand. Etamines 4, didynames, sous la lèvre supérieure (fig. de gauche). Style plus long qu'elle et stigmate bifide (fig. de droite). — Haies, lieux couverts, pied des murs, etc. — Tonique, stimulant, expectorant, très employé. Infusion.

4. Véronique. *Veronica officinalis*. (Scrofulariées.) Vivace. Tige rampante-redressée. Feuilles opposées, ovales, dentées, pubescentes. Fleurs d'un *bleu pâle*, en grappe au sommet d'un pédoncule axillaire nu. Calice à quatre divisions, velu. Corolle à quatre divisions irrégulières étalées; la supérieure plus large, arrondie (fig. de droite). Etamines 2, saillantes et divergentes. Ovaire à deux loges, style simple. — Coteaux ombragés, très commun; cultivée dans les jardins. —Vulnéraire, tonique, expectorant.

5. Polygala. *Polygala vulgaris*. (Polygalacées.) Herbacée vivace. Tiges droites ou rampantes, touffues. Feuilles alternes. Calice à cinq sépales, dont deux très grands en forme d'ailes, souvent colorés comme la corolle. Fleurs *bleues* en grappe terminale. Corolle tubuleuse à cinq pétales soudés à la base ; deux égaux formant une sorte de lèvre supérieure, et un découpé en lanières extrêmement petites que simule la lèvre inférieure. Etamines 8, diadelphes, enfermées dans le pétale inférieur concave en forme de carène. — Coteaux, bois montueux, bruyères. — Pectoral, expectorant.

Confondu souvent avec le **P. amer** (*P. amara*) dont la racine en décoction est employée dans les mêmes cas que le précédent. — A noter aussi le **P.** *seneca* ou de Virginie, dont les propriétés sont plus actives.

1. Lichen d'Islande. *Lichen islandicus.* (LICHÉNACÉES).
Fronde foliacée, de consistance sèche, ramifications, dressées,
entrelacées, quelquefois cils sur les bords et découpures. Organes
fructifères sur les bords de la fronde de couleur pourpre foncé.
— Contient beaucoup de fécule unie au principe amer, etc. — Rochers, montagnes des Vosges. — Rochers, etc. En Islande, on s'en
sert comme aliment. Privé de son principe amer, c'est un
béchique analeptique. Affections de poitrine.

2. Pulmonaire. *Pulmonaria officinalis.* (BORRAGINÉES).
Plante vivace. Tige anguleuse, poils rudes. Feuilles oblongues aiguës, velues, marquées de taches blanchâtres. Fleurs *bleues*, réunies
plusieurs ensemble au haut de la tige. Calice à cinq divisions. Corolle à gorge dépourvue d'appendices, 5-lobée. Etamines 5, à la
gorge de la corolle. Ovaire à cinq carpelles (fig. de gauche). —
Plante pectorale, adoucissante. — Catarrhe, phtisie pulmonaire, etc.

3. Tussilage, Pas-d'âne. *Tussilago farfara.* (COMPOSÉES.)
Plante vivace. Tiges fistuleuses, cotonneuses, chargées d'écailles
rougeâtres pointues. Feuilles suborbiculaires très amples, à long
pétiole, toutes radicales, denticulées, tomenteuses. Fleurs *jaunes*,
en capitule solitaire terminal, paraissant avant les feuilles. Fleurons tubuleux 5-fides, hermaphrodites au centre, avec cinq étamines synanthères (fig. de gauche) ; demi-fleurons à la circonférence (fig. de droite), nombreux sur plusieurs rangs. Involucre à
folioles étroites, dont la longueur soutenue par de petites bractées.
Réceptacle plan. Akènes aigrettés. — Lieux humides. — Expectorant, béchique, fleurs en infusion.

4. Vélar. *Erysimum officinale.* (CRUCIFÈRES.) Herbacée
annuelle. Tige dressée, rameaux étalés. Feuilles inférieures pinna-
tipartites, lobes oblongs, dentés, le terminal allongé. Fleurs très
petites, *jaunâtres*, en épis le long des rameaux ; quatre sépales ;
quatre pétales (fig. de gauche) en croix plus longs que les sépales.
Etamines 6, dont deux plus courtes (fig. de droite). — Cette plante
est l'*Herbe au chantre* des anciens, ayant eu la réputation de
guérir, sous forme de *sirop d'erysimum*, l'enrouement, l'extinction
de voix, etc.

5. Vipérine. *Echium vulgare.* (BORRAGINÉES). Plante bisannuelle. Tige robuste, simple. Feuilles ovales, oblongues, pointues,
munies de poils rudes. Les radicales étalées sur la terre. Fleurs
bleu tendre, en grappes foliacées. Calice à cinq divisions poilues.
Corolle à gorge dépourvue d'appendices, limbe 5-lobé. Etamines 5,
dépassant la corolle, ainsi que le style à stigmate bifide. Carpelles
rugueux 4 (fig. de gauche supérieure). — Ses propriétés se rap-
prochent de celles de la Bourrache, mais sont inusitées, malgré
son ancienne réputation de guérir la morsure de la vipère.

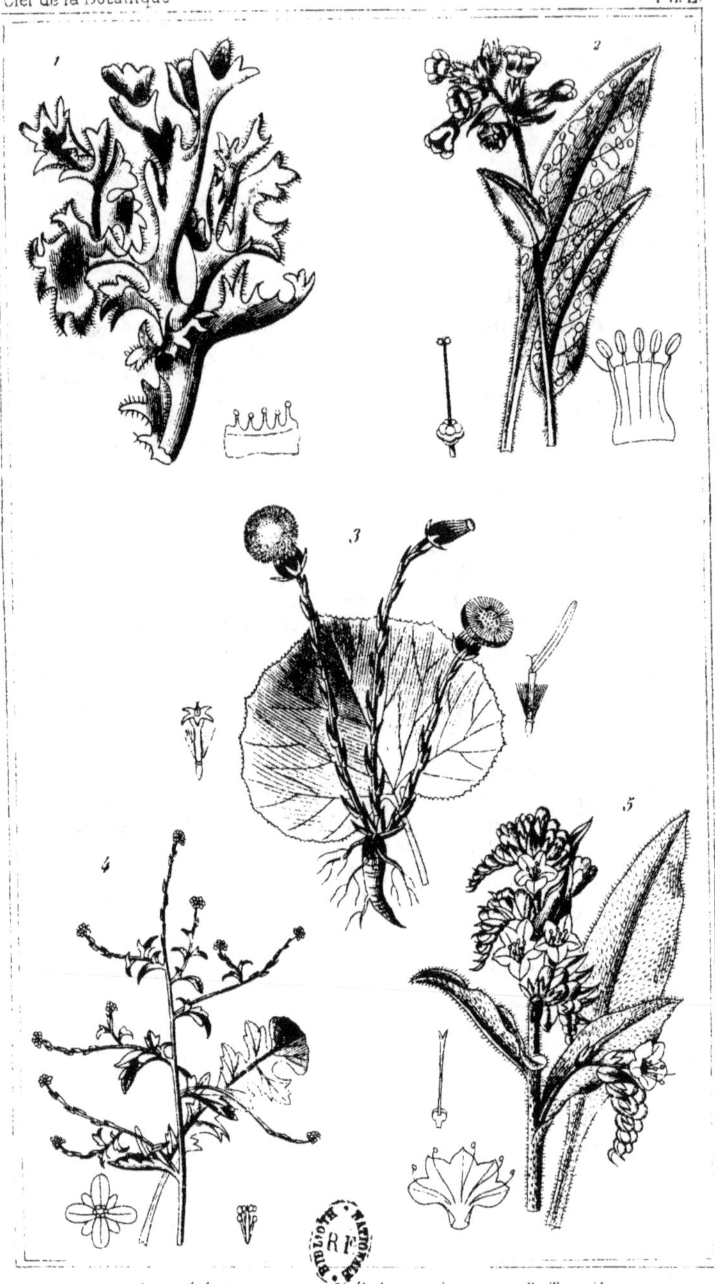

1. Lichen d'Islande 2. Pulmonaire 3. Tussilage
4. Velar 5. Vipérine

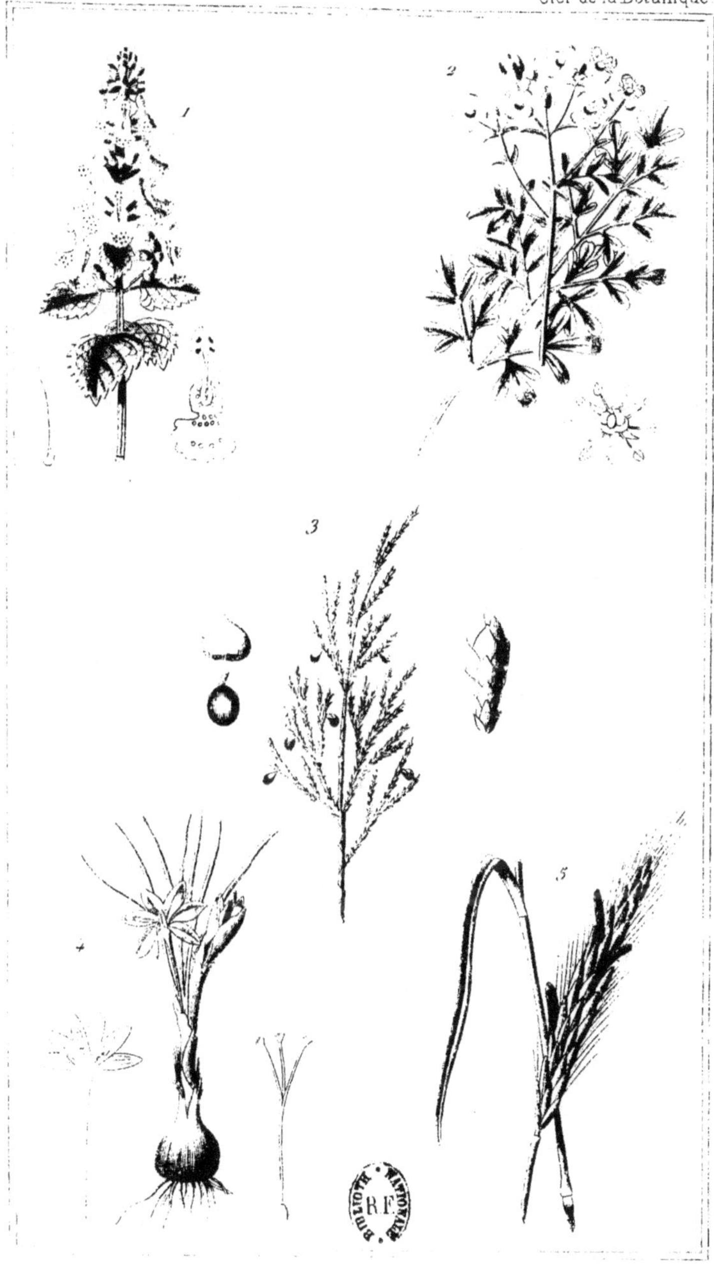

1. Cataire   2. Rue   3. Sabine
4. Safran   5. Seigle ergoté

PLANTES INDIGÈNES.   Pl. LI.

1. Cataire. *Herbe aux chats. Nepeta cataria.* (LABIÉES.)
Vivace. Tige carrée, vert glauque. Feuilles opposées, ovales, cordiformes, dentées, blanches en dessous. Fleurs *blanches* ou *purpu-*
rines, ponctuées de rouge, en glomérules rapprochés en épis
serrés, terminaux. Calice 5-denté, tomenteux. Corolle à limbe
brusquement dilaté, bilabié, lèvre supérieure droite échancrée, un
peu concave ; lèvre inférieure trilobée étalée, lobe du milieu très
grand, arr. crénelé, ponctué (fig. de droite). Ovaire supère, stigmate
bifide. Etamines 4, parallèles sous la lèvre supérieure, style et
stigmate bifide. Akènes 4. — Odeur très aromatique qui plaît aux
chats, car ces animaux se roulent dessus.

2. Rue. *Ruta graveolens.* (RUTACÉES.) Arbrisseau, marqué de
points ou glandes contenant une huile volatile. Feuilles alternes,
bis-ailées, folioles cunéiformes un peu épaisses. Fleurs *jaunes* en
corymbe rameux. Calice à quatre divisions, étalé. Corolle à quatre
pét. à bords relevés en forme de cuiller. Etamines 8, saillantes,
insérées à la base d'un disque hypogyne (fig. de droite). Ovaire
fendu en quatre, rugueux, glanduleux ; style central bien plus
court que les étamines. — Emménagogue ; elle congestionne
l'utérus. Aménorrhée chlorotique.

3. Sabine. *Genévrier, Savinier. Juniperus sabina.* (CONI-
FÈRES.) Arbrisseau toujours vert, à rameaux dressés. Feuilles
petites, imbriquées sur quatre rangs serrés, squamiforme sur la
tige opposée, ovales-aiguës. Fleurs dioïques, chatons portés sur de
petits pédoncules recourbés et écailleux ; deux variétés : l'une dite
mâle ; l'autre femelle. Chatons mâles ovoïdes, petits, munis
d'écailles verticil. présentant 4 à 8 anthères à une loge. Chat.
femelles globuleux, trois écailles convexes formant un ovaire.
Deux espèces ou variétés. La Sabine à feuilles de cyprès impropr.
appelée mâle ; la Sabine à feuilles de tamarin commune, stéri'e,
improprement appelée Sabine femelle. — Italie, Pyrénées. — Excitant de la matrice, emménagogue, abortive.

4. Safran. *Crocus sativus.* (IRIDÉES.) Plante bulbeuse. Feuilles
rad. étroites linéaires, creusées en gouttières. Fleurs *violettes*,
marquées de veines pourpres, grandes, portées chacune sur hampe
courte qui sort du milieu des feuilles. Périanthe calicinal à long
tube, six divisions à la base desquelles sont trois étamines. Style
long partagé en trois divisions en haut., ou chacune à trois stigmates renflés dépassant les étamines. — Cultivé en grand. — La
substance qu'on vend dans le commerce sous le nom de *safran*
du Gâtinais, n'est que la partie supérieure du stigmate avec les
stigmates du *crocus sativus*.

5. Seigle ergoté. *Sphacelia segetum.* (CHAMPIGNONS.) La
figure représente un épi de seigle, dans lequel se trouvent trois
grains affectés d'un champignon parasite ; celui-ci ressort noir
de l'épi en corps solide, ferme, né dans l'ovaire stérile, *mycelium*
tuberculeux pouvant reproduire des sphacélies. Son principe actif
est l'*ergotine*. — L'ergot de seigle est abortif, employé dans les
accouchements, lorsque le col est dilaté et que les douleurs
s'épuisent.

1. Aconit. *Aconitum napellus*. (RENONCULACÉES.) Herbacée. Tige simple, cylindre. Feuilles alternes, partagées jusqu'à la base en 5-7 lobes, découpées en 2-3 lanières aiguës, vert foncé. Fleurs *bleues* grandes, très irrégulières, en grappe terminale. Calice irrégulier à cinq sépales inégaux pubescents, le supérieur en forme de capuchon (casque). Deux latér. (ailes) inégaux, arrondis, et deux inférieurs plus petits. Corolle à deux pétales à long onglet, dressés, cachés sous le capuchon (ou sépale supér.). Etamines 30 environ plus courtes que le calice, serrées les unes contre les autres. Ovaire à trois carpelles, trois filets pistillaires. Fruit : trois capsules allongées (fig. de gauche). — Lieux couverts, humides. — Plante vénéneuse, narcotico-âcre. Diurétique. Névrose, névralgies.

2. Belladone. *Atropa belladona*. (SOLANÉES.) Tige dressée. Feuilles alternes géminées, amples, ovales-aiguës, vert sombre. Fleurs d'un *pourpre* obscur, situées à l'aisselle des feuilles. Calice campanulé à quatre divisions. Corolle en forme de cloche (fig. de droite supér.), limbe à cinq divisions courtes, obtuses. Etamines 5, plus courtes que la corolle. Pistil plus long que celle-ci, stigmate en tête (fig. de droite infér.). — Baie, grosseur de petite cerise passant au noir; calice persistant. — Quoique vénéneuse, la belladone joue un rôle très important en thérapeutique comme calmant. Douleurs, cancer, névralgies, névroses, rigidités spasm. des muscles, etc.

3. Ciguë (Grande). *Conium maculatum*. (OMBELLIFÈRES.) Plante herbacée, bisannuelle. Tige robuste, très fistuleuse, glabre, parsemée de taches pourpre violacé. Feuilles trois fois ailées, à folioles pinnatifides dentées. Fleurs *blanches* petites, en ombelles, de 10-12 rayons; involucre 4-5 folioles réfléchies. Ovaire infère à dix côtes; deux styles très courts, diverg., fruit se séparant en deux moitiés suspendues par le sommet à une *columelle* filiforme. — Lieux incultes, ombragés. — Poison rendu célèbre par la mort de Socrate. — Affections cancéreuses; engorgements, scrofules, etc.

4. Ciguë (Petite). *Œthusa cynapium*. (OMBELLIFÈRES). Herbacée annuelle. Feuilles tripinnées, folioles étroites, incisées. Fleurs *blanches* en ombelles, 15-20 rayons inégaux, étalés, pas d'involucre, mais involucelle 3-4-5 folioles linéaires rabattues; ressemblance avec le persil des potagers. — Propriétés de la Grande Ciguë, mais plus faibles.

5. Ciguë vireuse. *Cicuta virosa*. Cette espèce habite le bord des ruisseaux du nord. Racine grosse à radicules latérales. Tiges fistul. Feuilles grandes à pétiole fistuleux, segm. lancéolés, dentés-aigus. Fleurs *blanches* en ombelles, à rayons nombreux; pas d'involucre. — Plante délétère, sans usages.

1. Aconit 2. Belladone 3. Grande Ciguë
4 Petite Ciguë 5. Ciguë Vireuse

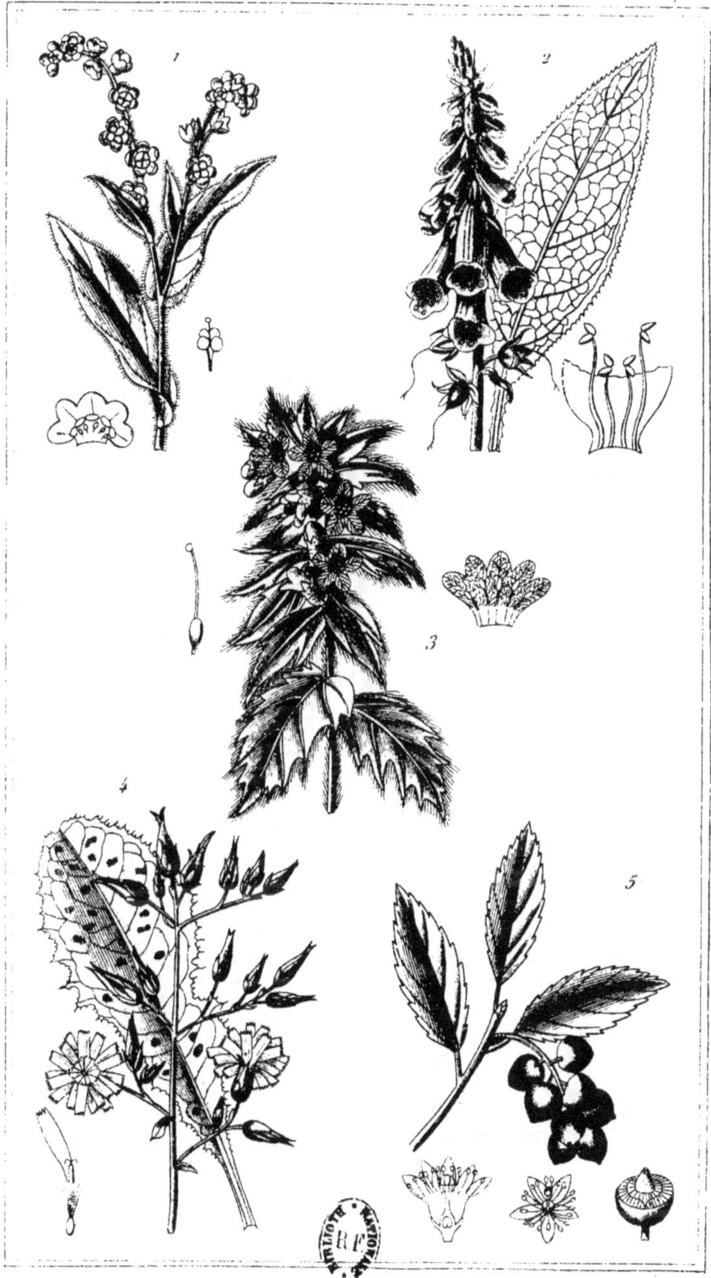

1. Cynoglosse   2. Digitale   3. Jusquiame noire
4. Laitue Vireuse   5. Laurier Cerise

PLANTES INDIGÈNES. Pl. LIII.

1. Cynoglosse. *Cynoglossum officinale*. (BORRAGINÉES).
Plante herbacée, bisannuelle. Tige épaisse, velue, feuillée. Feuilles
alternes, tomenteuses, douces au toucher (d'où *langue de chien*).
Fleurs *rouge* violacé, en grappe terminale. Calice 5-fide, ouvert;
corolle presque rotacée, 5-lobée, gorge fermée par cinq écailles.
Etamines 5 incluses. Ovaire à quatre carpelles déprimés. Style
persistant. — Adoucissante. Racine sédative.

2. Digitale. *Digitalis purpurea*. (SCROFULARIÉES.) Plante herbacée, bisannuelle. Tige simple. Feuilles oblongues, lancéolées,
ridées, les inférieures très amples. Fleurs *rose pourpre* disposées
en bel épi terminal, couchées d'un côté de la tige. Calice à cinq
folioles, corole tubuleuse tigrée de taches brunes, limbe à peine
bilobé, lèvre inférieure trois-lobée courts, la supérieure tronquée.
Etamines 4, dont deux plus courtes; anthères à deux lobes. Stigmate bifide. Capsule ovale dépassant peu le calice (on en voit deux
au bas de la tige). — Plante sédative du cœur. Emploi thérapeutique très fréquent.

3. Jusquiame noire. *Hyosciamus niger*. (SOLANÉES.) Herbacée bisannuelle. Tige robuste, dressée, vert grisâtre couverte de
poils glanduleux. Feuilles alternes, grandes sem.; amplexicaules,
molles, cotonneuses, velues. Fleurs *jaunâtres*, gorge marquée de
pourpre et limbe veiné de lignes brunes en réseau; grappe unilatérale, feuillée et roulée en crosse au sommet. Corolle en entonnoir à cinq lobes inégaux, obtus, ouverts. Etamines 5, capsule
operculée. — Odeur vireuse, narcotico-âcre. Très employée jadis,
névroses.

4. Laitue vireuse. *Lactuca virosa*. (COMPOSÉES.) Tige dressée, glabre, paniculée au sommet. Feuilles inférieures très grandes,
ovales, allongées, les supérieures petites pinnatifides. Fleurs
jaunes, en panicules terminales. Involucre cylindrique, réceptacle, plan, alvéolé, recevant 20-25 demi-fleurons hermaphrodites,
à languette tronquée et denticulée. Etamines 5, à anthères réunies. Style à deux stigmates. Fruit couronné par une aigrette
soyeuse de poils blancs. — Odeur vireuse, suc laiteux abondant.
Narcotico-âcre.

5. Laurier-Cerise. *Prunus lauro-cerasus*. (ROSACÉES.)
Arbriss. Feuilles persistantes, coriaces ovales, allongées. Fleurs
grappes axillaires *blanches*. Calice inf. d'une seule pièce, à cinq
divis. prof. Corolle à cinq pétales insérés sur les sépales du
calice (caract. différent des Lauracées). Etam. 5, insér. sur le calice,
nombreuses autres étam. Ovaire, style, stigmate; l'ovaire devient
cerise, à noyau lisse arrondi dans les pruniers; orbiculaire com-
primé dans les abricotiers (fig. de g. à droite : 1° calice, pistil,
5 étam.; 2° Corolle de face, nombr. étam.; 3° Coupe du fruit).

PLANTES INDIGÈNES   Pl. LIV.

1. Morelle. *Solanum nigrum*. (SOLANÉES.) Plante herbacée,
annuelle. Tige à rameaux étalés. Feuilles ovales, pointues, pétiolées, molles, vert foncé, pâles en dessous. Fleurs *blanches*, petites, en petites ombelles pendantes 5-6 flores sur un pédoncule
commun. Calice 5-denté, persistant. Corolle cinq divisions, ovales-
aiguës, s'ouvrant en rosette, puis se recourbant sur le calice. Etamines 5. Style filiforme, stigmate obtus. Baies globul., d'abord
vertes, puis jaunâtres, rouges et noires. — En décoct. pour lotions,
fom., catap., narcotiques. Calmant général.

2. Parisette. *Paris quadrifolia*. (ASPARAGINÉES.) Plante herbacée, vivace. Racine horizontale, traçante. Tige unique, simple,
arrondie, feuillée au sommet. Feuilles : quatre seulement sessiles,
en croix au haut de la pl., ovales et nervures ramifiées. Fleur
unique, *verdàtre*, sur pédoncule terminal. Périanthe à huit divisions, dont quatre extérieures ovales-allongées, quatre intérieures
plus étroites. Etamines 8, anthères allongées et attachées à la
partie moyenne du filet (fig. de droite). Ovaire supère, quatre carpelles, quatre styles, quatre stigmates. Fruit noirâtre, tétragone à
quatre loges. — Odeur vireuse, narcotique. A été employée dans
diverses maladies, sans effets à retenir.

3. Pavot. *Papaver somniferum*. (PAPAVÉRACÉES.) Plante annuelle. Tige simple. Feuilles amplexic. à dents inégales, sinuées.
Fleur *pourpre*, panachée, grande, terminale, solitaire. Calice à
deux sépales, herbacé, glabre. Corolle à quatre pétales avec tache
violacée à l'onglet. Etamines très nombreuses, stigmates 8-15 disposés en rayons et soudés sur un plateau lobé débordant le sommet de l'ovaire (V. fig. de gauche). Capsule globuleuse, oblongue,
uniloc., glabre, s'ouvrant par des pores au-dessous du plateau
stigmatifère. — Somnifère dont l'Opium est le principe actif.

4. Phellandre. *Phellandrum aquaticum*. (OMBELLIFÈRES.)
Plante vivace. Tige cylindrique, striée, fistuleuse, dont la partie
inférieure est marquée de nœuds, d'où naissent des feuilles radicales verticillées. Feuilles pétiolées décomposées, pinnées. Fleurs
blanches, en ombelles terminales, involucre nul. Calice à cinq
dents. Corolle cinq pétales réfléchis en dedans. Etamines 5. Fruit
ovale couronné par les deux stigmates et dents du calice.— Propriétés médicales indéterminées. A été essayée contre la phtisie
pulmonaire.

5. Stramoine. Pomme épineuse. *Datura stramonium*. (SOLA-
NÉES.) Plante annuelle, extrémité d'un rameau figuré. Tige forte,
creuse. Feuilles grandes, alternes, sinuées, anguleuses, larges,
dentées, aiguës, d'un vert foncé, mais blanches en dessous. Fleur
grande, solitaire, sur long pédoncule. Calice longuement tubuleux
à cinq dents pointues. Corolle infundibuliforme très allongée,
plissée longitudinal., à cinq lobes acuminés. Etamines 5, inclinées. Ovaire couvert de petites pointes. Style filiforme; stigmate
glanduleux; capsule hérissée de pointes piquantes. — Narcotico-
àcre. — Névralgies, tic douloureux, etc.

1. Morelle   2. Parisette   3. Pavot
4. Phellandre   5. Stramoine

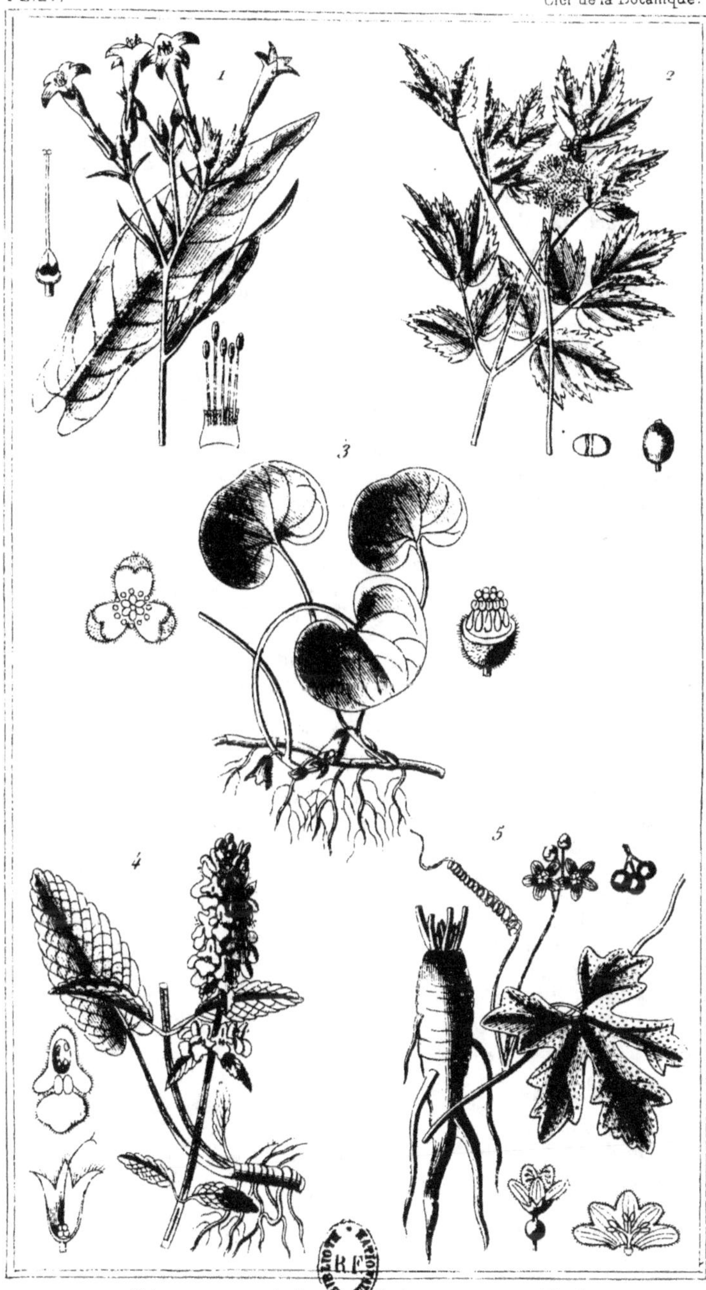

1. Tabac   2. Actée   3. Asaret   4. Bétoine

5. Bryone

PLANTES INDIGÈNES.   Pl. LV.

1. Tabac. *Nicotiana tabacum*. (Solanées.) Herbacée. Tige dressée, forte, ram., pubescente. Feuilles amples, ovales-allongées, pointues, molles, beau vert. Fleurs *jaunes purpurines* en panicules lâches. Calice à cinq dents aiguës, velu. Corolle à tube renflé, allongé, limbe à cinq lobes pointus. Etamines 5. Ovaire bilocul., surmonté d'un long style à stigmate échancré. Capsule bivalve, embrassée par le calice. — Narcotico-âcre. Peu employé comme médicament. — Cultivé pour ses usages comme plante à fumer et à priser.

2. Actée. *Actea spicata*. (Renonculacées.) Plante vivace, herbacée. Tige dressée, membraneuse. Feuilles 2-3 pinnatiséquées, ovales, incisées, dentées. Fleurs *blanches*, petites, en 1-2 grappes compactes, dont la principale opposée à la feuille supérieure. Calice quatre sépales. Corolle quatre pétales. Etamines nombreuses. Baie noire à la maturité. — Narcotico-âcre; toxique.

3. Asaret. Vulg. Cabaret. *Asarum europæum*. (Aristolochiacées, XIV, 3.) Racine horizontale traçante. Plante très basse, vivace. Tiges peu apparentes se bifurquant en deux pétioles terminés chacun par une feuille réniforme à long pétiole, vertes, luisantes en dessus, un peu pubesc. en dessous. Fleurs *pourpre noirâtre*, solitaires, naissant à la bifurcation des pétioles, près de terre. Calice pétaloïde velu en dehors, à limbe 3-lobé. Etamines 12, à filets courts, insérées sur le disque qui revêt le sommet de l'ovaire à six carpelles. — Odeur pénétrante, saveur amère. — Racine vomitive, succédané de l'Ipéca.

4. Bétoine. *Betonica officinalis*. (Labiées.) Vivace. Racine noueuse. Tige simple, carrée, pubescente, portant une ou deux paires de feuilles opposées, les autres radicales à très long pétiole, ridées, à dentelures mousses. Fleurs *purpurines*, en glomérules rapprochés, formant un épi interrompu. Calice tubuleux, pointu en dedans, à dents aiguës. Corolle bilabiée à tube allongé, lèvre supérieure dressée, l'inférieure plane 3-lobée, à lobe moyen plus grand, entier. Etamines 4, didynames, presque cachées par les poils de la cor. (fig. de gauche supér.). Ovaire quatrilobé. — Plante aromatique, dont la racine est émétique.

5. Bryone couleuvrée. *Bryonia alba*. (Cucurbitacées.) Plante grimpante, vivace. Racine grosse, blanche. Tige grêle, anguleuse, glabre, rude, munie de vrilles très longues, naissant avec les folioles. Feuilles palmatilobées à cinq lobes anguleux, sinués, rudes, hérissés de poils courts. Fleurs dioïques *blanc verdâtre*, en grappes pauciflores sur un pédicule qui est plus long chez les mâles que chez les femelles. Baies globuleuses. (Des deux figures de droite, l'une représente une fl. mâle, l'autre une corolle ouverte montrant le pistil).

1. Coloquinte. *Cucumis colocynthis*. (CUCURBITACÉES.)
Plante annuelle, volubile. Tige grimpante, charnue, couverte de
poils très rudes. Feuilles à long pétiole poilu, à cinq lobes, avec
poils rudes sur les nervures. Fleurs *jaune oranger*, monoïques,
calice et corolle solitaires axillaires ; les mâles à calice hérissé,
5 étamines, dont 4 soudées et 1 libre ; femelles à ovaire infère,
style trifide au sommet ou 5-fide. Fruit globuleux, grosseur d'une
orange, à écorce dure. Saveur extrèmement amère. — Violent
purgatif.

2. Dompte-venin. *Asclepias vincetoxicum*. (ASCLÉPIADÉES.)
Vivace. Fleurs petites, *blanches*, sur des pédoncules axillaires, en
capitules terminaux. Calice à cinq divisions lancéolées. Corolle à
cinq lobes obtus, glabres, ouverts en étoile. Étamines 5, à filets
soudés en tube entourant l'ovaire et munis chacun d'un appendice recouvrant l'anthère correspondante (fig. de gauche). — Purgative ou vomitive, suivant la dose.

3. Dentelaire. *Plumbago Europæa* (PLOMBAGINÉES.) Herbe
vivace. Racine pivotante, épaisse. Tiges dressées, striées. Feuilles
alternes, amplexicaules, ovales - allongées, aiguës, à poils courts
et dentelures très fines sur les bords. Fleurs *violettes*, agglomérées
en bouquets terminaux. Calice tubuleux hérissé, cinq dents et cinq
angles. Corolle infundibulif., cinq lobes. Ovaire obtus. Étamines 5,
de la longueur du limbe (on les croirait inclinées sur la petite fig.,
mais c'est que les lobes de la corolle sont redressés). Ovaire surmonté d'un style 5-fide au sommet. — Irritant de la peau.
Employée pour guérir la gale.

4. Globulaire. *Globularia alypum*. (GLOBULARIÉES.) Sous-
arbrisseau. Tige très rameuse (un seul rameau est figuré). Feuilles
alternes, spatulées, terminées par une pointe roide, nervure au
milieu. Fleurs *bleues*, petites, assemblées en une tête arrondie,
solitaire et terminale, involucre à folioles imbriquées, dont le
réceptacle est garni de paillettes. A chaque fleur du capitule : Calice
à cinq divisions aiguës, poilues. Corolle à cinq divisions inégales
et comme bilabiée, dont la lèvre inférieure est tridentée. Étamines 4, attachées au haut de la corolle (fig. de droite, fleur
accompagnée de son écaille). Fruit contenu dans la moitié de
son calice (fig. de gauche). — Plante purgative, sans réputation.

5. Gratiole. *Gratiola officinalis*. (SCROFULARIÉES.) Vivace.
Tige simple, noueuse, avec deux sillons alternativement opposés
entre chaque paire de feuilles amplexicaules, opposées, ovales,
lauréolées. Fleurs d'un *blanc jaunâtre*, axillaires, solitaires
sur des pédoncules assez longs. Calice à cinq divisions linéaires
muni de deux bractées lancéolées, redressées (fig. de gauche).
Corolle tubuleuse, bien plus longue que le calice, irrégulière, quadrifide, à deux lèvres mal conformées. Étamines 4, dont 2 fertiles,
insér. au haut du tube, et 2 inférieures, presque avortées (fig. de
droite). Ovaire ovoïde, pointu à son sommet ; style oblique, épaissi
en haut. — Prairies humides. — Saveur amère. Racine émétique,
le reste est violent purgatif.

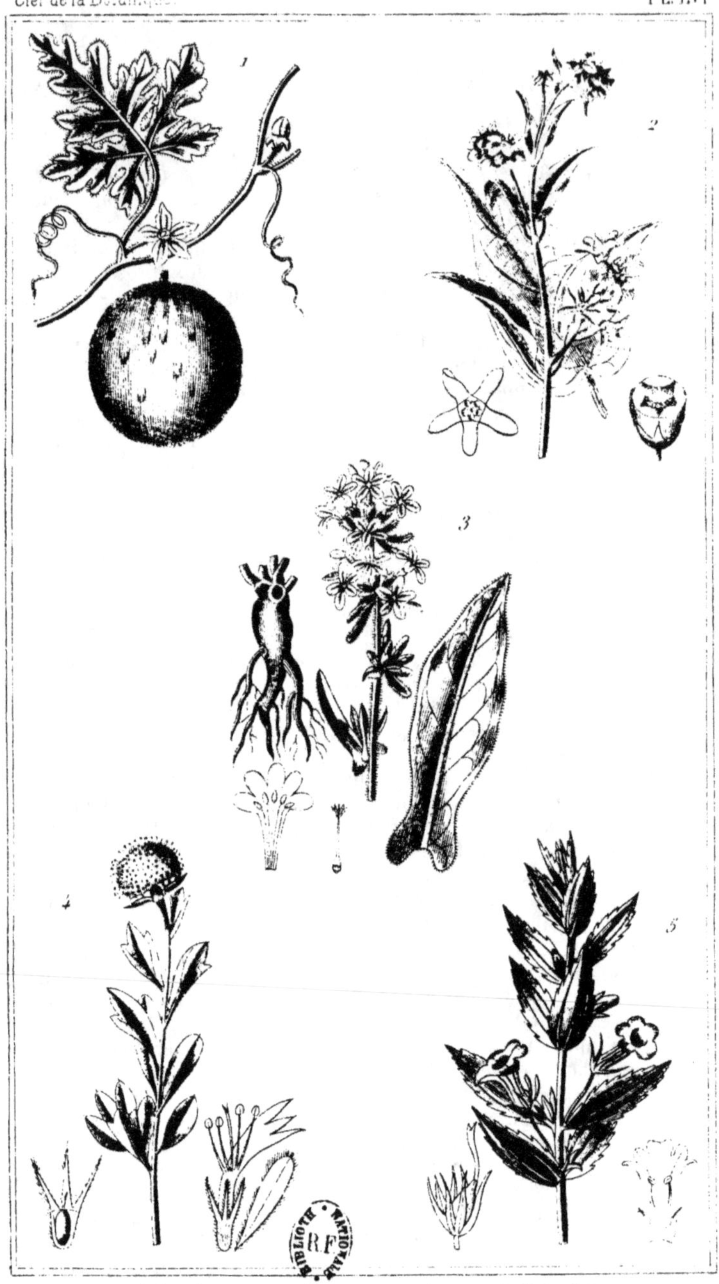

1. Coloquinte   2. Dompte - venin   3. Dentelaire
4. Globulaire   5. Gratiole

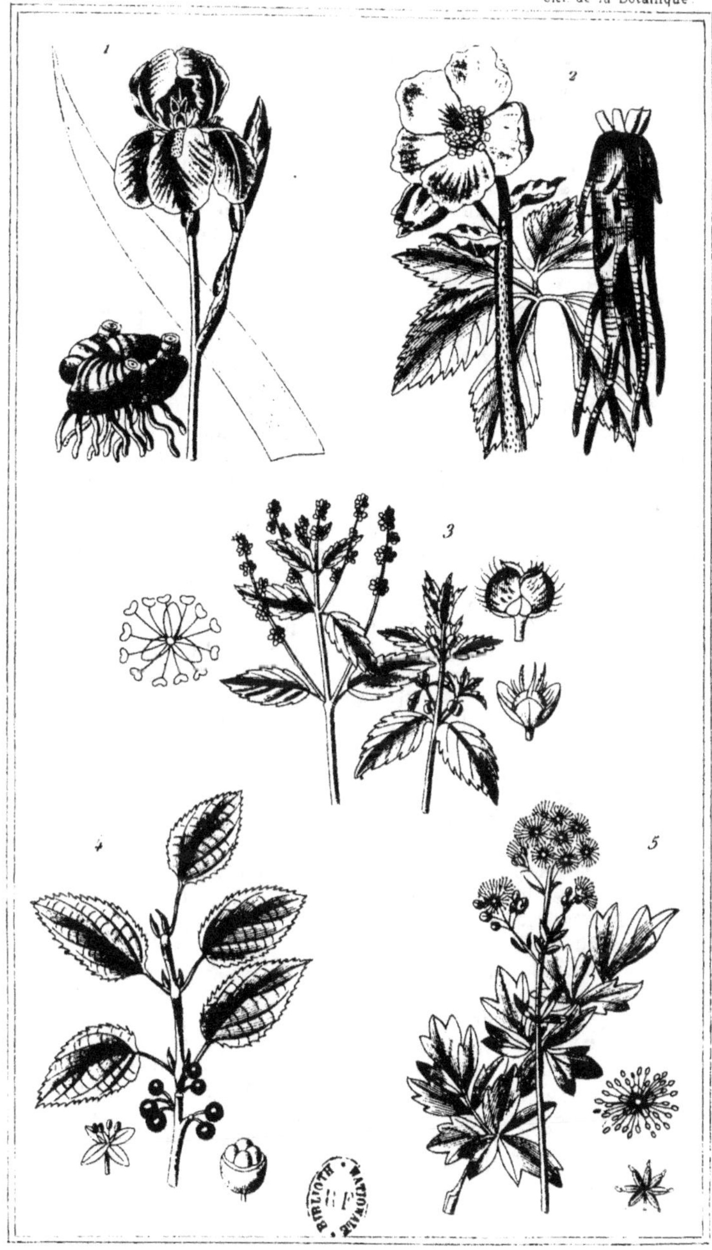

1. *Iris Germanique*   2. *Ellébore noir*   3. *Mercuriale*
4. *Nerprun*   5. *Pigamon*

PLANTES INDIGÈNES.   Pl. LVII.

1. Iris germanique. *Iris germanica*. (IRIDÉES.) Plante vivace. Racine grosse, noueuse, charnue, genouillée. Tige glabre, lisse, nue à la partie supérieure. Feuilles ensiformes, très aiguës, planes, longues, engainantes. Fleurs d'un *bleu violet*, veiné, deux à six au bout de la tige. Périanthe à six divisions dont trois ext., renversées ; à leur centre une traînée de poils pétaloïdes jaunes ; trois intér., dressées. Étamines 3, les anthères appliquées contre les stigmates, qui sont comme trois lames pétaloïdes recourbées en dehors. — La racine est purgative, on en fait des pois à cautère. — Aromate employé par les parfumeurs.

2. Ellébore noir. *Elleborus niger*. (RENONCULACÉES.) Vivace. Hampe florifère. Feuilles toutes radicales, à long pétiole, divisées en huit ou neuf digitations ouvertes comme une main. Racine grosse, noirâtre, branchue. Fleur solitaire, grande, *blanc rosé*, terminale, sur des hampes. Calice à cinq divisions ouvertes, grandes. Corolle à dix ou douze pétales en cornets, beaucoup plus petits que les sépales, d'un jaune verdâtre. Étamines très nombreuses, carpelles six ou huit, réunis au centre ; autant de styles. — Plante vénéneuse, base de l'*elléborisme*, jadis méthode de traitement de l'aliénation mentale.

3. Mercuriale. *Mercurialis annua*. (EUPHORBIACÉES.) Plante annuelle, dioïque. Tige herbacée, angul., glabre, lisse. Feuilles opposées, pétiolées, ovales, lancéolées, dentées. Fleurs dioïques, *verdâtres*, petites, mâles et femelles sur individus séparés. Les mâles en petits paquets espacés, sortes d'épis nus à long pédoncule. Calice à trois sépales étalés. Corolle nulle. Étamines 8-12 (fig. de gauche). Fleurs femelles par deux sur pédoncules à filets libres, courts. Calice à trois divisions profondes. Ovaire hérissé de pointes, surmonté de deux styles frangés, à stigmate pointu, accompagné de deux ou trois filets d'étamines avortées (fig. de droite).

4. Nerprun. *Rhamnus catarticus*. (RHAMNÉES.) Arbre. Tige rameuse, rameaux et feuilles opposés, les premiers souvent terminés en pointe à leur sommet. Fleurs petites, *jaune verdâtre*, dioïques ou polygames. Calice urcéolé, persistant, limbe partagé en quatre lanières lancéolées. Pétales 4, très petits, linéaires ; aux fleurs mâles quatre étamines, pistil rudimentaire ; aux fleurs femelles, ovaire globuleux à quatre loges ; style quadrifide, quatre stigmates. Baie sphérique. — Bois, taillis humides. — Odeur désagréable du fruit, saveur âcre. — Purgatif énergique ; sous forme de sirop, très employé pour vaincre la constipation.

5. Pigamon. *Thalictum flavum*. (RENONCULACÉES.) Vivace. Tige dressée, sillonnée. Feuilles alternes, bi-tri-pinnatiséquées, segments deux ou trois lobés, les supérieurs à segments étroits, linéaires. Fleurs *jaunâtres*, en bouquets au sommet des rameaux : quatre sépales. Pas de corolle. Étamines en grand nombre, dressées. Carpelles 4-10, sur un réceptacle étroit ; style court, persistant. — Grès humides, clairières des bois. — Racine à suc jaune. Réputée purgative, que Tournefort avait vantée.

13

PLANTES INDIGÈNES.   Pl. LVIII.

1. Ricin. *Ricinus*. (Euphorbiacées.) Tige dressée, fistuleuse. Feuilles très amples, palmées, 7-9 lobes, ovales, lancéolées, pétiole long et creux. Fleurs monoïques, disposées en épi allongé, les femelles en haut, les mâles à la base; chez celles-ci calice à cinq divisions réfléchies. Étamines nombreuses, unies en faisceau; chez celles-là, ovaire globuleux, chargé de tubercules hérissés de pointes acérées; style à trois stigmates plumeux. Capsule à trois côtes saillantes. — Originaire de l'Inde. Cultivé en Europe. — On retire des graines (par expression) l'*huile de ricin*, purgatif doux et sûr.

2. Soldanelle. *Convolvulus soldanella*. (Convolvulacées.) Espèce de Liseron. Feuilles alternes, réniformes, pétiolées. Fleurs *rose foncé*, grandes, solitaires, à long pétiole axillaire; deux bractées embrassant le calice pétaloïde (V. Liseron). — Bords de la mer. — Toutes ses parties provoquent des évacuations alvines.

3. Anémone des prés. *Anemona pratensis*. (Renonculacées.) Racine noirâtre. Tiges velues, cylindriques. Fouilles partant de la racine, multifides. Fleurs solitaires, *violet noirâtre*. Au-dessous de la corolle est un verticille ou collerette de folioles étroites et velues. Fruit: amas de graines agglomérées et surmontées de longues aigrettes plumeuses. — Pelouses sèches, méridionales. — Saveur âcre; rubéfiant pouvant se substituer à la moutarde, pour vésicatoire.

4. Anémone pulsatille. *Anemona pulsatilla*. (Renonculacées). Plante couverte de poils soyeux. Feuilles radicales, tripenniséquées. Hampe cylindrique, velue, terminée par une fleur *violette*, penchée, qui sort du centre d'un involucre formé par une feuille sessile, découpée en lanières étroites, aiguës, soyeuses. Calice campaniforme, à six folioles recourbées en dehors, au sommet, bien plus long que les étamines en nombre indéfini, portées sur un réceptacle globuleux. Pistil à nombreux carpelles, akènes réunis en tête, aigrettés. — Bois sablonneux, lieux arides. — Plante irritante à l'état frais, vésicante et même caustique, selon le mode et la durée de l'emploi extérieur.

5. Chélidoine (Grande). *Chelidonium majus*. (Papavéracées.) Vivace. Tige rameuse, rougeâtre. Feuilles alternes, pinnatifides, contenant un suc laiteux, jaunâtre, très irritant. Fleurs *jaunes* plusieurs au haut des ramifications de la tige. Calice à deux sépales; corolle à quatre pétales ouverts, plans entiers, étroits à la base. Étamines en nombre indéterminé. Ovaire libre, allongé, stigmate bilobé. *Silique* grêle, allongée, en deux valves, se détachant de la base au sommet. — Lieux incultes, vieux murs, décombres. — Propriétés médicinales diverses. Fut jadis (racine, suc), très usitée à l'intérieur et à l'extérieur comme purgative.

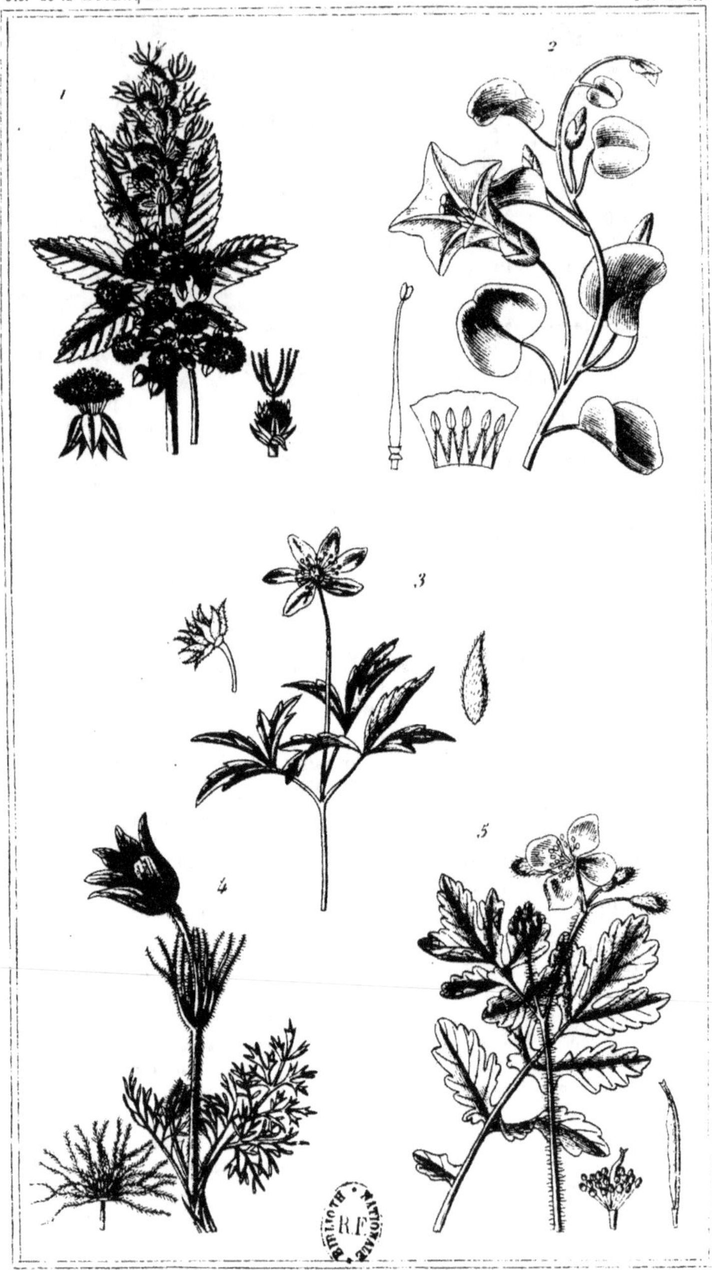

1. *Ricin*   2. *Soldanelle*   3. *Anémone des prés*
4. *Anémone pulsatille*   5. *Grande Chélidoine*

1. *Clématite blanche*   2. *Garou*   3. *Renoncule âcre*
4. *Renoncule scélérate*   5. *Sedum âcre*

PLANTES INDIGÈNES.   Pl. LIX.

1. Clématite. *Clematis vitalba*. (Renonculacées.) Tige sarmenteuse, rameaux grimpants, anguleux. Feuilles opposées, biparipinnées, à pétiole long, en vrille, à cinq folioles ovales, aiguës. Fleurs *blanches cendrées*, disposées en cyme sur pédoncule commun. Calice pétaloïde, à quatre ou cinq sépales étalés. Pas de corolle. Étamines nombreuses à anthères adossées, oblongues. Ovaire à carpelles en nombre indéfini, styles plumeux. Pour fruits, autant de capsules, terminées par une longue queue plumeuse, formée par le style persistant. — Très commune partout. — Saveur brûlante. Les feuilles pilées fraîches font l'office de vésicatoire.

2. Garou. *Lauréole, Sain-bois. Bois-Gentil. Daphne gnidium* (Daphnacées.) Tige droite, rameuse presque dès la base, rameaux pliants, munis de feuilles sessiles, lancéolées, linéaires, glabres, vert foncé. Fleurs d'un *blanc rougeàtre*, en panicule. Calice (ou corolle) tubuleux, limbe à quatre lobes. Étamines 8, incluses, filets très courts. Ovaire à style court. Baie à une loge, monosperme. — Lieux secs, arides du Midi. — Les feuilles, écorce et semences ont été employées, l'écorce surtout, qui, appliquée sur la peau, produit rougeur, douleur et soulèvement de l'épiderme, puis vésication. Très usitée pour l'entretien des exutoires.

3. Renoncule âcre. *Grenouillette. Ranonculus acris.* (Renonculacées.) Vivace. Racine presque horizontale, émettant de sa face inférieure des radicules. Tige fistuleuse, rameuse. Feuilles infér. à long pétiole élargi à l'insertion radicale. Fleurs *jaune doré*, terminales. Calice à cinq divisions ovales, pubescentes, corolle à cinq pétales ovales, arrondis. Étamines nombreuses. Carpelles nombreux aussi, agrégés. Fruits rendus pointus par la persistance du stigmate. Plusieurs variétés. — Prés, lieux humides. — Plante inodore, mais saveur âcre, action rubéfiante sur la peau et qui va jusqu'à vésication.

4. Renoncule scélérate. Renoncule des marais. (Renonculacées.) Annuelle. Tige dressée, fistuleuse, épaisse, striée. Feuilles radicales, pétiolées, les caulinaires sessiles. Fleurs petites, *jaune pâle*, panicules foliacées. Corolle à peine plus grande que le calice. Carpelles nombreux, plus longs que les fleurs, se convertissant en un fruit formant un épi allongé de capsules fort petites, très caduques. — Très abondante dans les marais. — Propriétés de la précédente ; vénéneuse, encore plus énergique.

5. Sedum âcre. Orpin blanc. Vermiculaire. *Sedum album.* Petite joubarbe. (Crassulacées.) Racine rameuse. Tiges nombreuses, rapprochées en touffe, les florifères divisées en deux ou trois branches courtes. Feuilles obovales, courtes, presque sessiles, appliquées contre la tige. Fleurs *jaunes*, en épis courts. Calice à cinq divisions ; corolle à cinq pétales ouverts. Étamines en nombre double, dix ou douze. Ovaire 5-carpellaire. Fruit, cinq capsules polyspermes. — Vieux toits. — Odeur nulle, saveur poivrée, suc très irritant. — A été vanté dans un grand nombre d'états morbides, particulièrement l'épilepsie, cancer, teigne.

PLANTES INDIGÈNES.   Pl. LX.

1. Fougère femelle. *Pteris aquilina*. Souche en forme de racines traçantes, brunes. Feuilles fort amples, trois fois ailées, pennicules lancéolées, folioles linéaires, obtuses, glabres en dessus, pubescentes en dessous. Organes fructifères placés sur le bord interne de chaque foliole, en ligne de petits grains confluents. — Bois, lieux stériles. — Odeur fade particulière de la racine et saveur visqueuse, amère, un peu styptique. A joui d'une grande réputation contre les vers plats, le tænia surtout; voire aussi le rachitisme des enfants. Oubliée aujourd'hui.

2. Fougère mâle. *Polypodium filix mas*. Souche ligneuse, rampante, très brune, garnie d'écailles fines. Feuilles amples, deux fois ailées, vertes, lisses, sur pétiole muni d'écailles caduques. Pinnules alternes lancéolées ; folioles nombreuses, linéaires, dentées à leurs bords. Pour organes fructifères capsules réunies en paquets uniformes disposés sur deux rangs au dos des folioles. — Bois, lieux stériles et incultes. — Rien à dire des usages en médecine, malgré les prétendues vertus apéritive, désobstruante de la racine et l'action antirachitique de ses feuilles, servant de couches aux rachitiques.

3. Mousse de Corse. *Fucus helminthecorton*. (ALGUES.) Plante marine, sous forme de touffe de quelques centimètres de haut (celle du commerce est un mélange de fibres de différentes espèces), ayant pour base une petite callosité dure. — Vermifuge des plus utiles chez les enfants, soit en poudre, soit en sirop, soit en infusion ou décoction, etc.

4. Cyclame. *Pain de pourceau*. (PRIMULACÉES.) Racine ou souche charnue, subglobuleuse, munie en dessous de fibres déliées. Feuilles radicales, épaisses, ovales, arrondies, entières, panachées, à long pétiole, émanant du centre de la racine. Fleur *rose brun*, solitaire, penchée sur son pédoncule radical. Calice à cinq divisions. Corolle à tube court, à orifice tourné en haut et les cinq divisions allongées, rabattues sur le calice. Cinq étamines. Ovaire supère, style allongé. Capsule globuleuse s'ouvrant en cinq valves. — Cultivée dans les jardins pour l'agrément de ses fleurs. — La racine est suspecte. Dioscoride l'a signalée comme provoquant l'avortement. Tour à tour purgative, emménagogue, anthelmintique, finalement oubliée comme action thérapeutique.

5. Tanaisie. *Tanocetum vulgare*. (COMPOSÉES.) Herbacée vivace. Tiges dressées, robustes, rameuses en haut. Feuilles pinnatiséquées à segments oblongs, pinnatifides. Fleurs *jaunes*, en capitules nombreux, disposés en corymbes rameux, compacts. Involucre commun à folioles scarieuses ; réceptacle convexe dépourvu de paillettes. Fleurons tous tubuleux; fig. de droite est un fleuron hermaphrodite de la circonférence ; celle qui vient à sa droite est fleuron hermaphrodite du centre grossi, la troisième représente l'involucre et le réceptacle. — Prés, lieux incultes, berges des rivières. — Odeur forte, désagréable de toutes les parties. — Tonique, excitante, antispasmodique, antimicrobienne.

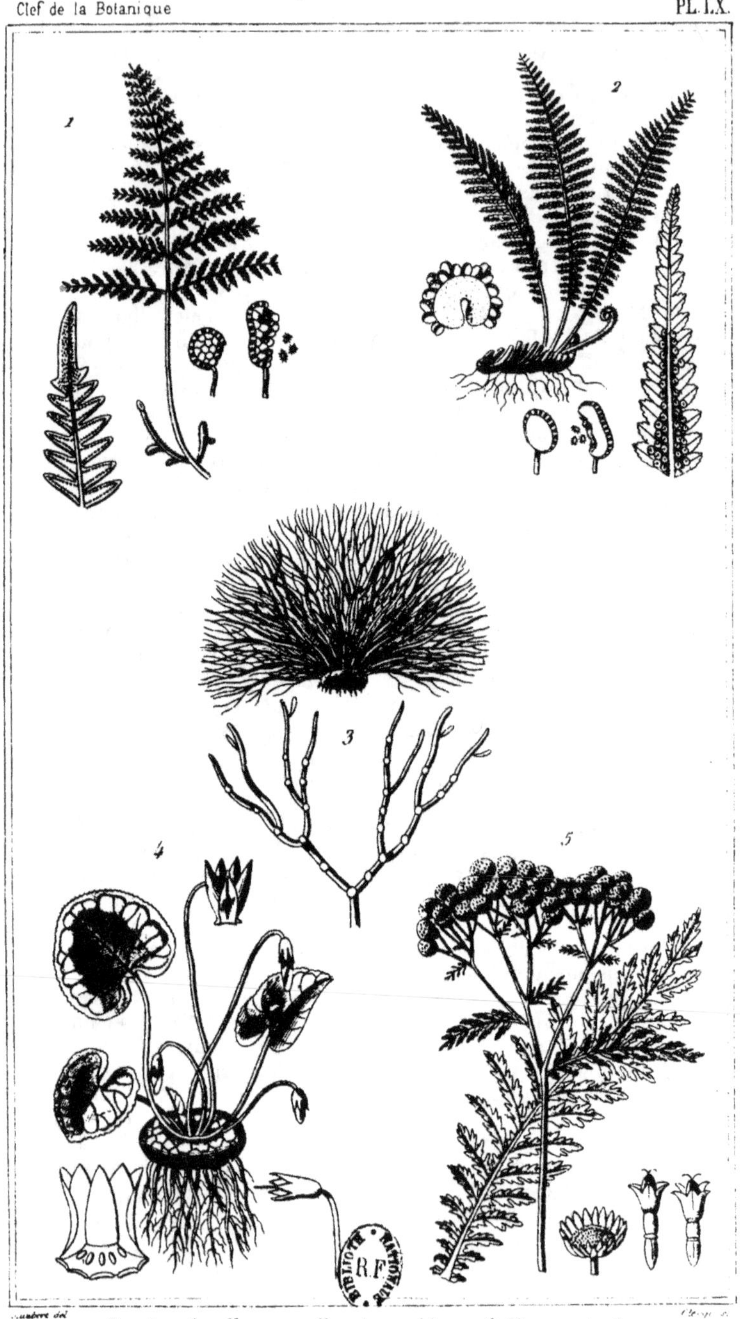

1. *Fougère femelle*   2. *Fougère mâle*   3 *Mousse de Corse*

4. *Cyclame*   5. *Tanaisie*